特种机电设备游乐设施的安全服役关键技术

王红军　徐小力　著

中国财富出版社

图书在版编目（CIP）数据

特种机电设备游乐设施的安全服役关键技术／王红军，徐小力著．—北京：中国财富出版社，2015.10

ISBN 978－7－5047－5121－8

Ⅰ.①特… Ⅱ.①王… ②徐… Ⅲ.①游乐场—机电设备—安全技术 Ⅳ.①TS952.81

中国版本图书馆 CIP 数据核字（2015）第 255722 号

| 策划编辑 | 郑欣怡 | 责任编辑 | 颜学静 | | |
| 责任印制 | 何崇杭 | 责任校对 | 杨小静 | 责任发行 | 斯 琴 |

出版发行	中国财富出版社	
社　　址	北京市丰台区南四环西路 188 号 5 区 20 楼	邮政编码　100070
电　　话	010－52227568（发行部）	010－52227588 转 307（总编室）
	010－68589540（读者服务部）	010－52227588 转 305（质检部）
网　　址	http：//www.cfpress.com.cn	
经　　销	新华书店	
印　　刷	北京京都六环印刷厂	
书　　号	ISBN 978－7－5047－5121－8/TS·0091	
开　　本	787mm×1092mm　1/16	版　　次　2015 年 10 月第 1 版
印　　张	14.25	印　　次　2015 年 10 月第 1 次印刷
字　　数	295 千字	定　　价　40.00元

内容简介

　　随着社会和经济不断发展，人们生活水平不断提高，作为特种机电设备典型代表——游乐设施得到人们的青睐。游乐设施的结构复杂，具有高度的游乐性和刺激性。**由于游乐设施是典型的特种设备，保障其安全可靠运行的安全服役关键技术不仅有利于设备资产安全，而且与人民群众的生命安全相关。**本书针对特种机电设备——游乐设施的安全服役问题，论述特种机电设备游乐设施的设计原理、数字化建模方法，给出了基于仿真的安全特性分析方法，阐述基于虚拟样机的游乐设施安全性分析技术以及游乐设施的数字化参数化设计平台。基于仿真的安全服役技术对产品的创新设计测试和评估，保证安全服役，缩短开发周期，降低开发成本具有重要作用。

　　本书可供高等院校、研究院所以及企业从事特种机电设备及特种设备设计与维护等相关研究领域的科技人员使用参考，也可作为机械工程以及相关学科专业的教师、高年级本科生和研究生的教材或参考书。

前　言

随着人民生活水平的提高，越来越多的人喜欢上了惊险、刺激的娱乐形式。游乐设施是一种具有特殊结构的特种机电设备，其种类层出不穷，结构越来越复杂，运行状态具有不断向高空和快速发展的趋势。以该娱乐设施形成的产业，其年收入在 30 亿元以上。目前游乐设施在运行期间安全事故时有发生，造成人民群众生命财产的巨大损失，主要原因就是游乐设施的安全可靠性不稳定。如何提高特种机电设备的运行安全性能，避免事故的发生成为目前急需解决的一个重要问题。中国游乐园协会根据调查研究认为安全问题涉及设计、建造、维护和运营等方面，其中设计、制造是安全性运行的关键。

近年来，计算机仿真技术在各个领域得到广泛应用，基于仿真的机电设备安全服役技术是采用先进设计理论、高科技软件工具，运用仿真手段进行机电设备的运动学和动力学分析，解决机电设备设计和生产中的安全性和可靠性问题。开展基于仿真的特种机电设备的安全服役关键技术研究具有重要的科学研究价值和工程实际意义。

本书是在作者承担的研究项目的基础上提炼而成的。本书内容涉及的研究项目包括：北京市教育委员会科技发展计划项目"游乐运动设备的计算机仿真设计"、北京市教育委员会科技发展计划彩虹工程项目"过山车轨道设计关键技术研究"、北京市金桥工程项目、北京市属高等学校人才强教深化计划学术创新团队资助项目"大型动力设备安全运行状态预示关键技术研究"（PHR201106132）、北京市外国专家局项目"复杂机电系统的动特性检测与分析技术"（20140222）等；其中故障检测分析及安全保障关键技术得到了国家自然科学基金项目"基于能量解耦的风力发电旋转机械故障趋势预示方法研究"（51275052）、北京市自然科学基金重点项目"面向新能源装备的复杂机电系统运行稳定性劣化趋势方法研究"（3131002）等项目的支持。本书的研究工作是在北京市教育委员会科技发展计划项目、北京市属高等学校人才强教深化计划学术创新团队资助项目等专项和计划的资助下完成的，在此特向相关单位表达深深的谢意！

本书由王红军、徐小力负责全书筹划和统稿，王红军撰写第 1 章、第 2 章部分章节、第3章、第4章、第5章，韩风霞撰写第2章部分章节、第6章。作者在整理书稿过程中得到了韩风霞的热心帮助。

本书涉及的研究内容主要来源于作者所负责的研究课题，研究成果是其研究团队多年努力的结果。在本书出版之际，对研究团队表示深深感谢。他们是韩秋实、栾忠权、许宝杰、张怀存、钟建琳和刘国庆等以及所指导并参加该研究工作的硕士研究生颜景润、陈静、张晶和王丹等。

本书内容力求通俗易懂，体现理论与实际的密切结合。

本书的出版得到北京市教师队伍建设（PXM2014_ 014224_ 000080）的资助，在此表示衷心感谢！感谢谢富国、付恒生、胡光华、陈辰等行业内专家的大力支持和帮助！

本书在写作过程中参考或引用了许多学者的资料和文献，尽可能在参考文献中列出，并向该领域的各位专家表示感谢！若某些引用资料由于作者疏忽等原因没有标注其出处，在此表示歉意！

由于特种机电设备的安全服役是具有探索性和挑战性的研究课题，尚有许多问题有待深入分析和研究，作者希望本书能为该领域的深入研究抛砖引玉。由于作者水平和学识有限，时间仓促，书中难免存在不足和错误之处，敬请各位读者朋友批评指正！谢谢！

作　者

2015 年春于北京

目　录

1　绪　论 ……………………………………………………………………… 1

1.1　研究意义 …………………………………………………………………… 1

1.2　特种机电设备的研究现状和发展趋势 …………………………………… 2

1.3　特种机电设备安全服役关键技术的现状和发展 ………………………… 5

1.4　本书研究的主要内容 ……………………………………………………… 13

2　特种机电设备原子滑车轨道的设计原理 ………………………………… 16

2.1　概　述 ……………………………………………………………………… 16

2.2　特种机电设备原子滑车分类及组成 ……………………………………… 20

2.3　特种机电设备原子滑车轨道设计关键技术 ……………………………… 27

2.4　特种机电设备原子滑车轨道的参数化设计 ……………………………… 40

2.5　特种机电设备原子滑车设计流程及设计准则 …………………………… 47

3　基于有限元的特种机电设备安全性分析 ………………………………… 52

3.1　概　述 ……………………………………………………………………… 52

3.2　基于有限元的特种机电设备原子滑车轨道的安全性分析 ……………… 60

3.3　基于有限元的原子滑车底架安全性分析 ………………………………… 77

3.4　基于有限元的桥壳安全性分析 …………………………………………… 82

3.5　基于有限元的轮架安全性分析 …………………………………………… 86

4　基于虚拟样机的特种机电设备安全服役技术 …………………………… 93

4.1　概　述 ……………………………………………………………………… 93

4.2　基于虚拟样机的特种机电设备原子滑车的安全性分析关键技术 ……… 102

4.3　基于虚拟样机的原子滑车建模 …………………………………………… 108

4.4　原子滑车运动学及动力学仿真 ·· 118

5　基于特征的特种机电设备数字化设计平台研究 ·············· 127
5.1　概　述 ··· 127
5.2　特种机电设备参数化图库开发的关键技术 ···················· 133
5.3　基于特征的原子滑车数字化设计平台构建 ···················· 136
5.4　基于特征的原子滑车数字化设计知识数据库建立 ········ 148
5.5　基于特征的原子滑车数字化设计平台系统实现 ············ 149

6　特种机电设备游乐设施运行状态的监控检测技术 ·········· 161
6.1　游乐设备的国内外法规标准体系 ···································· 162
6.2　游乐设施的检验机构、检验人员及检验要求 ················ 165
6.3　游乐设施动态检测和监控技术原理及其研究现状 ········ 167
6.4　大型游乐设施动态检测、诊断和监控技术 ···················· 168

参考文献 ··· 175

附录一　大型游乐设施设计文件鉴定规则（试行） ·············· 187

附录二　中华人民共和国特种设备安全法 ···························· 204

1 绪 论

1.1 研究意义

随着现代社会经济的迅猛发展，人们在满足物质生活方面的需求后，越来越追求精神生活水平的提高。特种机电设备游乐设施因能给乘客带来超重和失重的刺激感而被许多人所喜欢。特种机电设备的典型代表游乐设施是指用于经营目的，承载乘客游乐的设施，包括原子滑车，绕水平轴转动或摆动的观览车，沿架空轨道运行或提升后惯性滑行的架空游览车，绕可变倾角的轴旋转的陀螺，用绕性件悬吊并绕垂直轴旋转升降的飞行塔转马，绕垂直轴旋转、升降的自控飞机，水上游乐设施等。据不完全统计，目前在用各类特种机电设备游乐设施总量约2万多台，每年参与游乐的人数超过4亿多人·次。游乐设施承载游客体验速度和激情，其服役安全性直接关系到游客的性命安全。

特种机电设备游乐设施事关公共安全，事关人民群众特别是广大青少年的生命安全，更是社会关注的热点。一旦发生事故，社会影响极其恶劣，对人民群众的心理和精神伤害特别严重。特种机电设备游乐设施也称为"特种设备"。目前，一方面国内的特种机电设备游乐设施基本属于进口或仿制，成本昂贵需要消耗大量的外汇；另一方面游乐设施产品正向更快、更高、更复杂的方向发展，国内外游乐设施的科研相对滞后，在运行过程中由于缺少合理的检测维护手段，必须提高游乐设施的安全服役技术水平。

由于特种机电设备游乐设施设计制造质量、管理水平相对落后，近年来发生多起伤亡事故，社会负面影响极大，由设计制造缺陷引起的重大故障或未遂事故更是时有发生，因此，特种机电设备游乐设施的安全形势不容乐观，迫切需要研究一套行之有效的特种机电设备游乐设施的安全服役技术的方法，努力降低故障率和事故率。

为了提高游乐设备安全性和运行可靠性，确保装备安全服役，需要针对复杂机电设备设计、制造、运行过程中的安全性进行分析，为产品的快速优化设计、虚拟装配、运动安全问题检验提供手段，增强企业市场竞争能力，提升装备制造企业的聚集优势和整体市场竞争力。针对特种机电设备的服役安全性分析技术、监测和检测技术开展研究具有重要的理论意义和工程应用价值。

1.2 特种机电设备的研究现状和发展趋势

特种机电设备过山车作为大型游艺机受到人们的普遍欢迎，其运行的最高时速达100km/h以上，没有发动机也没有方向盘，主要靠重力作用往下运行。方向控制由轨道对车轮的约束力来实现，最后由摩擦制动器实施制动。在乘坐时，乘客时而感到像在空中高速下落，时而感到像在空中飞翔，从而大大增加了过山车的惊险性和刺激性。

最原始的原子滑车——过山车，可上溯到17世纪初期的俄罗斯。当时在雪地里高速滑行的冰制小雪橇演变成现代的原子滑车。当时人们用沙子来使小雪橇增加摩擦减速。后来为了增加小雪橇的滑行速度和强度发展到更精致的木制小雪橇。

第一辆真正意义的过山车是在1884年由LaMarcus·汤普森在美国纽约布鲁克林的Coney岛创建的，并取名为"重力高兴之字形路线铁道"。1886年安东·Schwarzkopf设计了富有刺激性的、轻便的过山车。1891年在家兔岛，"旋风"过山车变为官方的新的约克陆标。由于安全问题，在1903年关闭了过山车的所有娱乐活动。在过山车发展的一百多年中，现代过山车除了速度更快外，其他最基础的部分与19世纪末的过山车是一样的。

1912年约翰·米勒发明第一辆低摩擦力的过山车后，过山车在20世纪20年代才真正进入了黄金时代。特别值得一提的是，1955年后过山车进入了全新的发展领域。过山车的设计思想发生根本改变，于1959年在迪斯尼国家公园建造第一辆钢制过山车。

1992年在英国建造了世界上最长的过山车。1993年于法兰西建造Euro·迪斯尼。1994年Desperado建造在比尔娱乐场，以209ft（英尺）高的尺寸成为世界上最大的过山车，也是速度最快的过山车，具有80miles/h的速度。1996年Fujiyama，建造在日本的Fujiyama高地公园，以离地259ft（英尺）的距离成为世界上最高的过山车。1997年超人逃逸（Superman The Escape）Intamin设计，建在Six Flags Magic Mountain（六面旗帜魔术山），是第一辆由一个线性的发动机以100miles/h的速率来推动一辆滑车在垂直高度为400ft（英尺）的轨道上滑行的过山车。1998年Oblivion建造于英国的奥尔顿托尔的Bolliger Mabillard，是第一辆"垂直降落的过山车"。

2003年日本国内诞生了一项被列为"吉尼斯世界纪录大全"的最新纪录——新型过山车"DODONPA"，其最高时速可达172km/h。

此后，过山车的发展不断地发生重大的变革，新的工业技术不断的应用在过山车上，几乎每年都要建造一辆"打破纪录的"过山车。在新的工业技术不断应用到过山车的同时，过山车的安全装置改进也应用了新的方法。今天，过山车家族已经有约 30 名成员，包括金属过山车、悬挂式过山车、竖立式过山车以及穿梭式过山车等。

特种机电设备游乐设施行业从 20 世纪 80 年代中期开始，目前已经逐步形成了以游乐设施制造企业、使用单位、检验检测机构与相关服务企业等构成的新兴产业。1995 年 4 月 29 日，由上海游艺机工程公司研制的国产第一台"三环原子过山车"（轨道长 495m，高 23m）在东北吉林市江南游乐园建成通车。同年 10 月这家公司又把目光瞄准了轨道长约 900m、高 38m，有两个垂直立环的超巨型过山车。在 1996 年"七·一"前，过山车在山东省潍坊市富华游乐园投入运行。

现在我国共有取得制造、安装、修理或改造许可的游乐设施生产厂 150 多家，如北京实宝来游乐设备制造有限公司、华北矿山冶金机械厂等。近年来每年生产大型游乐设施 3000 台（套）左右。国内也大量引进国外的高端设备，部分先进设备由国际知名公司（如 S&S、B&M、Intermin 等）设计制造，可实现操作自动化、多个监控点自动监测、系统报警功能等，整体达到国际先进水平。如美国 S&S 公司的弹射式过山车，其最快速度为 135km/h。

国内外涉及特种机电设备游乐设施的科研主要包括：标准法规、设计制造、事故分析与安全预测几个方面。

在标准法规方面，国际上有美国材料与试验协会（American Society for Testing and Materials，ASTM）的游乐设施标准技术委员会（F-24）、欧盟标准化委员会的"移动游乐园和游乐场的机械与结构安全技术委员会"（CEN/TC 152 Fairground and Amusement Park Machinery and Structures-Safety）、澳大利亚标准化委员会和新西兰标准协会组成的游乐设施标准制定联合体 ME/51 技术委员会，以及 2010 年 ISO 新成立的 ISO/TC254 游乐设施标准技术委员会，主要开展涉及人体生理影响、设计制造及安装、操作与维护等方面的标准条款起草等工作。

国内由国家质检总局负责，并展开了"国内外特种设备法规标准的比较研究"工作，2008 年修订完成我国游乐设施标准，增加了载荷、设计计算、各种冲击系数、应力及疲劳强度安全系数、防止倾覆和侧滑的安全系数、加速度允许值、安全分析、安全评价和应急事故预案等内容。

在特种机电设备游乐设施的设计制造方面，目前国内外游乐设施的设计仍主要以经验设计为主。国外的瑞士 B&M、Intermin、荷兰 Vakoma、意大利 Zamperla 等公司，开展了部分滑行类游乐设施的研究，进行了整机与安全装置安全可靠性方面的试验，还缺少系统性和完整性。

国内绝大多数设计制造单位还处于模仿阶段。即使有几家已迈入自主创新阶段，但都缺乏开展游乐设施安全可靠性方面科研工作的积极性，对于新开发产品可靠、耐久性方面的试验与研究投入很少。

在特种机电设备的在役检测监测研究方面，国外开展此类研究的相关信息还很少。

国内针对特种机电设备—游乐设施的安全研究方面，国家科技部、国家质检总局设立了许多涉及游乐设施检验检测仪器设备与检测监测方法方面的研究的专门课题。中国特种设备检测研究院秦平彦、林伟明、沈勇等承担了"游乐设施安全保障关键技术研究""大型游乐设施关键部件剩余寿命评估方法研究""大型游乐设施安全状况综合评价方法研究与新技术工程应用""游乐设施运行状态测试与监测系统研究""大型游乐设施突发事故应急救援支持系统""游乐设施安全保护装置型式试验方法研究"等专题研究，这些课题的研究成果为游乐设施安全提供了有力的技术支撑和保证。

在仿真计算方面，特种机电设备滑行类设备的危险性较大，速度较快，基于仿真的特种机电设备的安全性研究受到重视。德国技术检验机构 TUV 曾开展了游乐设施仿真计算研究，并将研究结果用于他们所开展的游乐设施设计审查。中国特种设备检测研究院承担了国家质检总局的"基于虚拟仿真的游乐设施动力学分析技术研究"科研项目。2003 年北京市启动的彩虹工程"游乐运动设备的计算机仿真设计"、北京市教育委员会科技发展计划彩虹工程项目"过山车轨道设计关键技术研究"、金桥工程项目"过山车轨道设计关键技术"，对具有复杂运动形式的设备进行模拟、仿真，以分析其运动过程中各点的受力状态。改善玻璃钢等复合材料的制作工艺，进而加强其性能。华东理工大学的郑建荣和汪惠群开展了过山车虚拟样机的建模与动态仿真分析。

在事故调查分析与统计分析方面，国际上美国消费产品安全委员会（CPSC）和 Safe parks 等公益性机构，英国、澳大利亚职业安全与健康机构对本国的游乐设施事故进行事故调查分析与相应的统计分析。中国特种设备安全监察部门和检验研究技术机构负责国内的事故调查分析与统计分析。

综上所述，特种机电设备游乐设施的安全形势非常严峻，安全事故时有发生，现有的科研主要侧重于填补检验检测和国家标准的空白，缺乏对实际发生的游乐设施事故和重大故障深入的分析研究。特种机电设备游乐设施的科研仍处于初级阶段，面向设备安全服役、运行管理等关键技术还需要进一步研究。

目前现有特种机电设备游乐设施优劣并存，质量参差不齐。既有特大型的国外进口设备，也有使用多年的老旧设备。我国游乐设施行业起步较晚，通过多年模仿设计，少数厂家逐步具备自主研发能力。但多数为小型企业，创新能力不足。各种先进的设计方法和软件，如运动学仿真、有限元分析、安全评价等在游乐设施中运用不多。

国产老旧设备存在着安全隐患，例如，设备的设计、制造安装质量先天不足；在役设备使用维护不到位，部件磨损严重甚至损坏，造成设备后天失调。运载设备的车轮磨损后更换不及时、电子元器件老化失效等。很多在役设备运行时间过长或者超过使用时间，造成设备部件损坏或金属结构疲劳；在常规检验中，已经在多台达到产品寿命的设备中发现疲劳裂纹。设备整体老化，容易进入事故的易发期或多发期，险些酿成严重事故；部分进口设备大量采用分布式控制，结构复杂，传感器控制，由于运行环境和地域气候条件的差异，容易造成误报警、紧急停车等故障。更为担忧的是，部分厂家为追求经济效益，只知其然而不知其所以然，盲目模仿，追其型而忽略其安全本质，更没有经过足够时间的安全可靠性考验，无法保证游乐设施安全，影响产品的安全性能。

同时，由于特种机电设备游乐设施数量猛增，安全使用管理滞后，设备设施安全管理与维保人员匮缺，普遍缺乏设备运行管理经验，设备自检维护投入也不足，容易造成我国游乐设施运行安全隐患不断增多，事故频发。与此同时设备的安全检验难度增高，风险加大。对检验人员、技术、手段、方法、仪器的要求也越来越高。目前急需实现停车静态检测与运行动态监测相结合，安全评估与检测监测相结合，定性与定量相结合的多元化安全保障模式。

1.3 特种机电设备安全服役关键技术的现状和发展

特种机电设备游乐设施的设计制造运行在近年有了长足的发展，但整体水平还比较低。每年也都有游乐设施事故发生，社会反响极其强烈。典型事故如 2013 年 7 月 23 日美国得克萨斯州阿灵顿市一名妇女在坐当时号称是世界上最高的混合钢制过山车时安全保护脱落，从高空坠落死亡。2013 年 9 月 29 日上海欢乐谷，绝顶雄风过山车在运行至顶部、距离地面约 60m 的高空时突发故障停运，发生过山车卡半空的事故。如图 1 - 1 所示。

图 1 - 1 上海欢乐谷事故

2007 年 12 月 31 日，芜湖方特欢乐世界游乐园的过山车因大风发生故障，突然停止，16 位游客悬空半小时后被安全解救，事故未造成人员伤亡。事故原因是当天下午气温较低，后来又刮大风，过山车采用的是非电力系统的启动设备，当过山车滑行到月亮状顶部时，遇到大风阻力，停在半空中。如图 1 - 2 所示。

图 1 - 2　芜湖方特过山车故障

2007 年 6 月 30 日上午在安徽省合肥市逍遥津公园里，发生一幕惨剧：一台名为"世纪滑车"的游乐设施在运行爬坡过程中突然脱轨下坠，造成乘客被抛飞的人身伤亡。如图 1 - 3 所示。

图 1 - 3　合肥市"世纪滑车"事故

2007 年 8 月 13 日下午韩国釜山"环球嘉年华"上发生严重事故，一台摩天轮在运转过程中，有一节观光缆车车厢突然翻转，缆车门被甩开，缆车内有 5 人从 20 米高空摔下，4 人当场死亡，1 人不治身亡。如图 1 - 4 所示。

2007 年 5 月 5 日下午近 1 点时，日本大阪府吹田市的万博纪念公园游乐园（Expo-

（a）　　　　　　　　　　　　　　（b）

图1-4　韩国釜山"环球嘉年华"发生严重事故

land）发生过山车事故，造成1人死亡，约21人受伤。如图1-5所示。2007年6月12日美国阿肯色州游乐园过山车停电，游客倒挂半小时。如图1-6所示。

图1-5　日本过山车事故

图1-6　美国阿肯色州过山车停车游客倒挂

据统计，近年来国内事故统计如图1-7所示。根据对我国近10年来的游乐设施事故原因分析归类，设计制造安装等原因造成的事故占40%左右，使用不当原因造成的事故占35%，乘客原因或其他原因造成的事故占25%。在这些事故中，由设计制造安装修理等原因造成的人员伤亡达到伤亡总数的34.9%，所占比例最大。考虑到近几年发生的 10 多起应纳入而未纳入事故统计的一般游乐设施事故（无人员伤亡，设备自身损失超过一万元），设计制造安装修理等原因造成的事故比例为 44.2%。

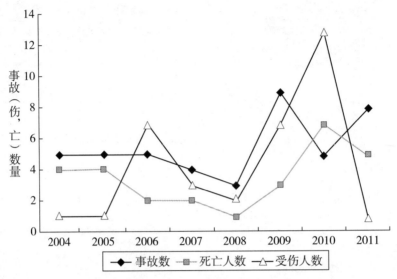

图 1-7　我国近年特种机电设备游乐设施事故一览

英国 1990—2000 年事故统计如图 1-8 所示，设计原因造成事故占全部原因 19.2%、结构或机械系统失效原因占 20.5%、操作原因 21.7%、乘客原因 16.5%、其他原因 22.4%。其中设计与制造原因占全部原因的 39.7%。

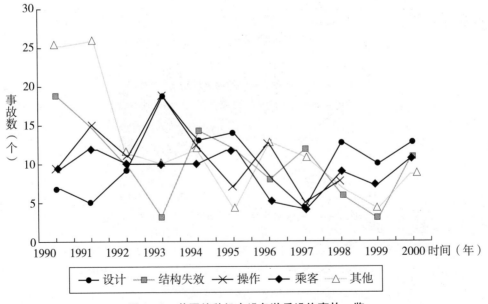

图 1-8　英国特种机电设备游乐设施事故一览

游乐设施不同于一般的工业生产设施，其价值在于创造欢乐，带给人们愉悦的心情。游乐设施关系到公共安全，关系到少年儿童的生命安全，其社会价值远远大于经济价值。游乐设施是一种特种机电系统，其设计是一种创新性设计、个性化设计。其关键部件或主要受力零部件包括受力结构件、载客装置上的关键零部件、重要轴与销轴、重要轮系中的关键零部件、安全装置，以及其他涉及乘客安全的重要机械件（如载人提升系统与其重要零部件及重要节点）等。重要轴与销轴如主轴、中心轴、坐席吊挂轴、车轮轴、油（气）缸上下支撑销轴、坐席支承臂上下销轴等。其关键部件或主要受力零部件如果失效会导致乘客人身伤害。这些零件部件中，有的是在设备正常工况下承受较大应力，有的在特定工况下承受较大应力。

特种机电设备事故或重大故障案例，很多是由于制造、安装与拆卸、调试、检验与试验、使用、维护、故障处理，以及环境条件等原因造成的。但很大部分是设计考虑不周所致，必须在设计阶段充分考虑并加以控制。

综上所述，特种机电设备游乐设施设计原则是安全第一和审慎保守原则。安全第一要求设计产品的任何经济或技术性能指标都应绝对服从安全指标要求；不允许游乐设施设计存在涉及人身安全方面的不确定性；对于可能影响乘客人身安全的主要受力零部件、机械或电气系统或部件，必须保证足够安全，绝不能有导致设备严重损坏或造成人员严重伤害的不可检测的单一失效点或潜在的单一失效点。

审慎保守原则主要体现为：采用成熟技术优于采用新开发技术；开发的全新游乐设施产品或新技术用于游乐设施，必须经过严格论证、多程序和多种方法检验与试验，以及足够的时间考验；重要设计就繁不就简（对于重要产品、部件或较大的不确定性，应通过不同方法计算或从不同角度进行分析并增加计算项目，不应只采取单一方法进行计算分析或消除不确定性）；考虑安全系数影响因素就多不就少；载荷或载荷组合选取就重不就轻；选取材料强度值就低不就高等。

设计人员应确保设计计算与分析项目与内容的全面完整性、正确性、真实性、安全可靠性、符合性（符合标准与特种设备安全技术规范要求），并兼顾制造安装的可实现性、产品的可检验性与可维护性，以及事故的可救援性等。另外，还要确保设计文件资料之间的一致性和封闭性。

当采用某种设计软件计算开发重要新产品或某些关键复杂受力零部件时，需要采用不同计算方式（不同软件或手工）重新进行计算或验算校核。对运动型式特别复杂的游乐设施，运动状态和受力情况宜采用虚拟样机手段进行模拟分析。

对于不易拆卸的关键零部件（指拆装工作量占整机安装工作量的50%以上），或其他按照永久寿命设计的关键零部件，应在图纸上明确规定控制其制造安装质量的特殊技术要求与检验检测要求，以确保其实际质量能够达到永久使用的目的；对于使用过程中难以每年拆卸检验，需要若干年时间大修的零部件，也应在图纸上明确提出使之实际质量能够满足若干年运行时间考验的加工与检验要求。

应针对各种失效可能性设计或选配适宜的安全装置（种类、数量、质量要求、功能、放置位置、作用、预计效果、失效二次保护功能设置等）和紧急救援设备设施。对于乘客高空旋转翻转等危险性较大游乐设施，必须采用两套独立的人身保险装置，确保有足够的安全冗余。优先采用与控制系统连锁的安全装置。

对于可能随时导致危害情况发生的，应设置两套或以上运动监视与控制装置。如预期不能由操作者监控的情况应设有如行程限制器、超速检测，防过载检测或防碰撞器件等装置。直流电机驱动或者设有速度调速系统时，应设有防止超出最大设定速度的限速装置；设备运动行程末端应安装行程限位装置，以确保设备运行到极限位置时能顺利停止；设备运行中可能发生碰撞现象时，应安装防碰撞装置等。

确保结构、机械系统、电气系统、控制系统等部分设计相互匹配；标准机电产品的选型与产品设计功能和安全性能相匹配。

图纸上给出的技术要求与检验等方面信息应齐全完整。如主要材料选择要求、关键零部件加工与组装尺寸偏差要求、焊缝布置、重要焊缝详图、无损检测要求、高强螺栓预紧力要求，以及水平度、同心度、垂直度等。

提供齐全完整的使用维护说明书。使用维护说明书是设计产品转化为实物产品后，能否切实保障游乐设施安全运行的关键资料，是设计计算、风险评价结果与措施的封闭性汇总。因此，设计单位编制的使用维护说明书必须对游乐设施的安全运行提供清晰有效的指导作用，内容应齐全、完整、可操作，且可见证（提供相应工作表格）。其中的自检与维护要求（项目、周期、方法、采用技术与仪器设备、重点等）应与设计计算重点和安全评价确定的安全重点相对应。设计计算、风险评价确定的重点部件（部位），应在使用自检维护要求中予以明确规定，保证自检工作能够使这些重点部件（部位）得到有效检验，确保设备运行安全。

需要对设计进行验证试验。对于重要新产品设计开发，应经过足够时间和循环次数的安全可靠性验证试验，以确认设计思路（设计假设）、设计方案、设计重点、主要设计依据、运动与受力情况分析等方面的正确性与完整性，以及可能存在的不确定性等，核实产品技术性能是否能充分实现，安全可靠性是否能够得到保证，设计考虑是否存在较大遗漏等。对于那些难以准确分析受力情况的关键零部件（部位），设计人员应在设计验证试验大纲中，有针对性地增加相关安全性能试验与功能试验，增加检验检测项目与手段（如应力应变测试），增加载荷运行试验时间（次数）等措施进行必要的安全可靠性验证。

特种机电设备游乐设施结构形式多样，运动形式复杂，种类繁多。游乐设施作为一种典型的集成了机械、电气、液压、材料、力学、钢结构等多学科知识的复杂机电类设备，其发生风险的可能性是多样的和复杂的。一个风险的产生可能来自于多个方面，因此，需要对游乐设施各种可能的失效机理进行深入分析。

常见的轨道形式为：单环式、螺旋式、双环式、悬挂式和双曲线式等。提升方式有：从链式提升到发展为直线电机式提升。承载方式从车载式、悬挂式、站立式和俯卧式等。

游乐设备作为事关大众的特种设备，引入有限元分析可以最大程度保证设计的安全可靠，为游乐设施的开发开辟新篇章。可以考虑各种载荷自重、离心力、风载、地震载荷等组合，模拟运行和非运行状态下的受力，并计算出结果。结果表明设计结构符合设计要求，有限元在游乐设备中应用更方便，分析结果更全面，更适合于特种机电设备游乐设施此类特种设备的分析计算。

按照美国前 MDI 公司总裁 Robert R. Ryan 博士对虚拟样机技术的界定，虚拟样机技术是面向系统设计的、应用基于仿真设计过程的技术，包含有数字化物理样机（Digital Mock - Up）、功能虚拟样机（Functional Virtual Prototyping）、虚拟工厂（Virtual Factory Simulation）三个方面的内容。数字化物理样机对应于装配过程，用于快速评估组成产品的全部三维实体模型装配件的形态特性和装配性能；功能虚拟样机对应于产品分析过程，用于评价已装配系统整体的功能和操作性能；虚拟工厂仿真对应于产品制造过程，用于评价产品的制造性能。这三者在产品数据管理系统（PDM）或产品全生命周期管理系统（PLM）的基础上实现。

功能虚拟样机解决方案充分利用三维零件的实体模型和零件有限元模态表示，在虚拟实验室或虚拟试验场的实验中精确的预测产品的操作性能，如运动/操作性、振动/噪声、耐久性/疲劳、安全性/冲击、工效学/舒适性等。

虚拟样机是建立在计算机上的原型系统或子系统模型，它在一定程度上具有与物理样机相当的功能真实度。利用虚拟样机替代物理样机来对其候选设计的各种特性进行测试和评价。虚拟样机设计环境是模型、仿真和仿真者的一个集合，主要用于引导产品从思想到样机的设计，强调子系统的优化与组合，而不是实际的硬件系统。同传统的基于物理样机的设计研发方法相比，虚拟样机设计方法具有以下特点。

（1）全新的研发模式。传统的研发方法从设计到生产是一个串行过程，而虚拟样机技术真正实现了系统角度的产品优化，它基于平行工程，使产品在概念设计阶段就可以迅速地分析、比较多种设计方案，确定影响性能的敏感参数，并通过可视化技术设计产品、预测产品在真实工况下的特征以及所具有的响应，直至获得最优工作性能。

（2）更低的研发成本，更短的研发周期，更高的产品质量。采用虚拟样机设计方法有助于摆脱对物理样机的依赖。通过计算机技术建立产品的数字化模型（即虚拟样机），可以完成无数次物理样机无法进行的虚拟试验（成本和时间条件不允许），从而无须制造及试验物理样机就可以获得最优方案，因此不但减少了物理样机数量，而且缩短了研发周期、提高了产品质量。

（3）实现动态联盟的重要手段。目前世界范围内广泛地接受了动态联盟（Virtual Company）的概念，即为了适应快速变化的全球市场，克服单个企业资源的局限性，出现了在一定时间内，通过 Internet（或 intranet）临时缔结成的一种虚拟企业。为实现并行设计和制造，加盟企业之间产品信息的敏捷交流尤为重要，而虚拟样机是一种数字化模型，通过网络输送产品信息，具有传递快速、反馈及时的特点，进而使动态联盟的活动具有高度的并行性。

总之，虚拟样机技术就是采用并行工程理念，融合现代管理技术、先进设计/制造技术、先进仿真技术、多学科分析与优化技术，将管理、技术、人三者之间有机地集成为一个协调的统一体，建立设计、仿真、试验、制造和项目管理的协同开发环境，以实现产品设计过程的全寿生命周期管理和产品创新设计，缩短研制周期，降低研制成本与研制风险，提高研制质量。据统计，产品设计占整个成本的5%，却影响整个成本的70%。因此，将计算机辅助工程分析（CAE）提前到概念设计阶段，并与计算机辅助设计（CAD）、计算机辅助分析（CAE）、高/低精度分析模块、多学科优化（MDO）技术相结合等。

特种机电设备游乐设施的安全取决于：安全的设计；满足设计要求的制造与安装；安全的运行、操作；保养和维护。其中设计是产品质量的源头。安全的设计决定了后面几个因素的难易程度，必须重视游乐设施的设计开发。

游乐设施作为一个非常复杂的机电系统，需要采用体现设备运行状态的动态参数进行安全分析和评价。运动过程的动力学分析和应力应变分析是获取其动态性能的主要手段。传统计算方法由于无法充分考虑各种复杂工况对设备性能的影响，很难准确地进行运动学和动力学计算。利用先进的虚拟样机技术，结合特种机电设备的复杂运行工况，建立其运动学和动力学模型，通过动态仿真运行获取其动力学参数，以及关键部件的受力情况，为强度分析、风险分析及预防措施制定提供必要的数据支持。

目前，特种机电设备游乐设施的常规设计方法是先设计产品的设计图纸，然后根据设计图纸制成实物样机，在不同的试验条件下（比如不同的载荷）进行反复试验，以检测产品运行的状况是否良好，一般按每天工作八小时来计算，整个试验过程按实际工况需要持续数十天。若遇上重大改动，还需要重新设计，重新制造实物样机，重新进行试验。

特种机电设备比如基于原子滑车的运行特点，设计者为了提高运行的安全性能，在制造实物样机之前，有必要计算出过山车在运行时的速度与加速度。但是因为轨道的形状是弯曲不平的三维曲线，所以其速度与加速度时刻变化。根据设计图纸上的轨道形状，用计算机进行大量的运动学计算是一个非常烦琐和复杂的过程，技术难度也很大。在制造实物样机之前，无法观察其实际运行状况，无法预测轨道的形状是否真正适合于车辆的顺利运行。有时原子滑车在运行途中产生短暂的停顿现象，其原因往往在于轨道形状的不合理，最终导致游客的乘坐感觉大打折扣。如果这种状况在原子滑车生产之后才被发现，那么将造成极大的损失。

更值得关注的是，设计者无法计算出原子滑车车厢各零部件之间各连接副的受力大小，因而也无法校核其强度是否足够。即使在制造实物样机之后，也很难得到它们每时每刻的受力状况。而据统计，过山车的车厢与车厢之间的连接件最易损坏，如果得不到该连接件的受力状况，又如何提高原子滑车的安全性能？

原子滑车的运行条件存在许多不确定因素。比如原子滑车需要在不同风速、不同载荷等条件下运行。用实物样机做试验，无法得到全部不同条件下的原子滑车的运行数据。而且，采用实物测试周期长、成本高。为解决原子滑车设计中的问题，有必要寻找一条新型的、便捷的方法来设计并保证原子滑车。虚拟样机技术就是一条很好的途径。

基于虚拟样机安全性分析技术针对游乐设备的动力学特性进行分析，按照实际运行工况定义约束和载荷，并进行动态仿真，得到速度、加速度等相关数据，设备结构强度分析提供依据。华南理工大学杨镇业、汪惠群、郑建荣等采用虚拟样机技术对过山车动力学特性进行了分析并进行了验证。北京交通大学柳拥军等对悬挂过山车运行动态仿真研究。北京信息科技大学张晶、王红军等人开展了基于虚拟样机的原子滑车的建模与仿真研究，都取得了很好的效果。虚拟样机技术为特种机电设备的安全性分析提供了有效手段。

1.4 本书研究的主要内容

研究高速、高空特种机电设备游乐设施的数字化设计和仿真分析的理论和技术，研究虚拟样机技术在特种机电设备游乐设施上的应用理论和技术，进行运动部件和关键零部件的运动学及动力学分析、仿真，研究其机械动力学特性和动态性能。分析运动部件的运动学和动力学模型，并进行计算机仿真，对产品设计进行优化，确保产品的安全性和可靠性。采用虚拟样机技术评价及分析其设计、装配性能，不但使研发周期大大缩短、研发成本大大降低，而且确保了原子滑车的安全性，保证最终产品一次接装成功。

研究通过对游乐设备进行数字建模，并在该模型基础上进行运动学和动力学分析和仿真，分析高速运动下的规律，使产品开发从过去的经验方法到预测方法，对产品的关键机构和关键结构经运动学、动力学、有限元分析和虚拟的装配和评价后，提高产品的整体性能，缩短了产品的设计开发周期，降低了产品的开发成本，使产品设计进一步完善。根据以上研究内容，确定本书具体内容如下。

本书面向特种机电设备安全服役重要工程需求，深入研究安全服役相关理论和技术，主要内容与章节安排如下。

第1章绪论，首先阐述了特种机电设备安全服役关键技术的研究意义，阐述了特种机电设备安全服役关键技术内容，介绍特种机电设备安全服役关键技术的国内外研究现状和发展趋势。

第2章特种机电设备原子滑车轨道的设计原理，首先阐述特种机电设备游乐设施的现状，研究其工作原理；对设计过程进行分析，研究特种机电设备原子滑车轨道设计的关键技术、详细阐述轨道的参数化设计方法；论述特种设备原子滑车设计流程及设计准则，最后给出设计实例。

第3章基于有限元的特种机电设备安全性分析，从特种机电设备安全性要求出发，研究典型特种机电设备原子滑车安全性能分析内容。给出典型特种机电设备原子滑车安全性能分析的内容和流程。基于有限元针对特种机电设备原子滑车立环轨道、关键部件的安全特性，分别从静力学分析、模态分析、谐响应特性三个方面对不同工况下的安全性进行分析，对改进设备的安全性提供可靠的理论依据。

第4章研究基于虚拟样机的特种机电设备安全服役技术，采用虚拟样机技术，以乘客的舒适性和安全性为主要约束条件，基于 ADAMS 软件构建游乐设备的典型轨道如直线、圆弧、螺旋、转弯和圆环等的数学模型，建立系统动力学方程。运用虚拟样机技术对虚拟的游乐设备进行轨道动力学分析，通过进行对比研究，计算机验证分析和轨道的虚拟样机分析，分析机构在高速运动下的规律，进行游乐设施的速度、加速度和离心力等运动参数分析，获得运行过程中的位移、速度、加速度和反作用力曲线，为安全服役提供评价指标。

第5章基于特征的特种机电设备数字化设计平台研究，对特种机电设备游乐设施的参数化设计平台构成、开发技术和功能开展研究。研究零部件参数化设计的方法，提出基于装配约束的参数化设计思想，以解决部件的参数化设计问题。最后给出基于 Pro/E 的原子滑车常用零部件的数字化设计平台的实例。该平台以 Pro/Engineer 为开发平台，应用其提供的二次开发工具模块 Pro/Toolkit，以 Visual Studio C++ 为开发环境，采用程序生成的方式建立三维原子滑车零部件库，实现三维零件的参数化设计和组件装配参数化快速设计。

第 6 章特种机电设备游乐设施运行状态的监控检测技术，系统分析了当前游乐设施状态运行监测的必要性以及研究现状，确定游乐设施运行状态测试的关键指标。根据游乐设施的特点分别对加速度、速度、应力应变、振动测试的设备、测试方法、评判依据进行了详细的论述。

2 特种机电设备原子滑车轨道的设计原理

随着科学的发展、社会的进步，现代游艺机和游乐设施充分运用机械、电、光、声、水、力等先进技术，集知识性、趣味性、科学性、惊险性于一体，深受广大青少年、儿童的喜爱。对丰富人们的生活，锻炼人们的体魄，陶冶人们的情操，美化城市环境发挥着积极的作用。

2.1 概　述

2.1.1 特种机电设备游乐设施分类

游乐设施主要由钢结构、行走线路、动力、机械传动、乘人设施、电器和安全防护装置共七大部分组成，本质上是一种利用不同的加速度和加速度的变化梯度的组合变化，提供乘客体验加速度感觉的机电一体化平台。现代游乐设施种类繁多，结构及运动形式各种各样，规格大小相差悬殊，外观造型各有千秋。

游乐设施主要是根据结构和运动形式来进行分类的，即把结构及运动形式类似的游乐设施划为一类，而不是按游乐设施的名称划分。每类游乐设施用一种常见的有代表性的游乐设施名字命名，该游乐设施为基本型。例如，"转马类游乐设施"，以"转马"为基本型，与"转马"结构及运动形式类似的游乐设施均属于"转马类"。

根据当前游乐设施的品种，将其分成15类，即转马类、滑行车类、陀螺类、飞行塔类、赛车类、自控飞机类、观览车类、小火车类、架空游览车类、水上游乐设施、碰碰车类、电池车类、蹦极类、滑索、滑道。

1. 转马类游乐设施

结构运动特点：座舱安装在回转盘或支撑臂上，绕垂直轴或倾斜轴回转，或绕垂直轴转动的同时有小幅摆动。例如，转马、旋风、浪卷珍珠、荷花杯、蹬月火箭、咖啡杯、滚摆舱、浑天球、小飞机（座舱不升降）等。

2. 滑行车类游乐设施

结构运动特点：车辆本身无动力，由提升装置提升到一定高度后，靠惯性沿轨道运行；或车辆本身有动力，在起伏较大的轨道上运行。例如，原子滑车、疯狂老鼠、滑行龙、激流勇进、弯月飞车、矿山车等。

3. 陀螺类游乐设施

结构运动特点：座舱绕可变倾角的轴做回转运动，主轴大都安装在可升降的大臂上。例如，陀螺、双人飞天、勇敢者转盘、飞身靠臂、橄榄球等。

4. 飞行塔类游乐设施

结构运动特点：悬挂式吊舱且边升降边做回转运动，吊舱用挠性件吊挂。例如，飞行塔、空中转椅、小灵通、观览塔、滑翔飞翼、青蛙跳、探空飞梭等。

5. 赛车类游乐设施

结构运动特点：沿地面指定线路运行。例如，赛车、小跑车、高速赛车。

6. 自控飞机类游乐设施

结构运动特点：乘人部分绕中心轴转动并做升降运动，乘人部分大都安装在回转臂上。例如，自控飞机、自控飞碟、金鱼戏水、章鱼、海陆空、波浪秋千。

7. 观览车类游乐设施

结构运动特点：乘人部分绕水平轴转动或摆动。例如，观览车、大风车、太空船、海盗船、飞毯、流星锤、遨游太空等。

8. 小火车类游乐设施

结构运动特点：沿地面轨道运行。例如，小火车、龙车、动物戏车、猴抬轿等。

9. 架空游览车类游乐设施

结构运动特点：沿架空轨道运行。例如，架空脚踏车、空中列车。

10. 水上游乐设施

结构运动特点：借助于水进行游乐的设施。例如，水滑梯、水上漫游、峡谷漂流、碰碰船、游船、水上自行车、水上滑索、造波池及各种游乐池。

11. 碰碰车类游乐设施

结构运动特点：用电力、内燃机或人力驱动，乘客自己操作。在固定的场地内进行碰撞。例如，电力碰碰车、电池碰碰车、高卡车等。

12. 电池车类游艺机

结构运动特点：以电池为动力，在地面上运行，一般为乘客自己操作，适合儿童乘坐。

13. 蹦极类

结构运动特点：利用弹力绳是座舱向上弹射至高空或人从高空向下跳落的游乐设

施。向上弹射的人一般固定在座舱内，向下跳落的人一般穿上安全防护衣（带）。例如，高空蹦极、蹦极跳、太空飞人。

14. 滑索

结构运动特点：利用高差使人在两端固定的钢丝索的高端滑向低端的设备。例如，溜索、滑索。

15. 滑道

结构运动特点：提升到一定高度后，滑行车沿着半圆形的滑道自由滑行，游乐者可以利用滑行车上的制动装置控制滑行的速度。例如，滑道、旱地雪橇、夏日雪橇。

2.1.2 特种机电设备原子滑车的发展现状

原子滑车是一种大型的滑行车类游乐设施，又名"高空翻滚滑行车"。原子滑车从站台出发，由提升装置将列车提升到牵引或通过发射器直接发射到山丘的顶端。接着它在势能的作用下，依靠惯性沿轨道滑行。时而加速俯冲，时而冲到下一个顶端，经过竖直立环或水平螺旋环，经缓冲区减速滑行最后回到站台，完成一次循环滑行。滑车在运行过程中产生的速度、离心力以及失重感，使旅客在惊险刺激的感觉中体验极限的乐趣。

早在 15 世纪的俄国就有原子滑车的雏形，那时原子滑车一直沿用木质轨道，游客乘坐的小车底部有四个轮子，两侧各有一个，侧轮是用来防止小车拐弯的时候滑出轨道的。直到 1959 年世界上第一台钢铁原子滑车在迪斯尼乐园营业，再到 1975 年第一个全部以钢材制成的原子滑车在加州神奇山落成。20 世纪 80 年代早期随着钢管轨道原子滑车的出现，原子滑车进入全盛期。1990—2000 年，十年时间游乐业经历了另外一个原子滑车的繁荣期。新型发射技术，悬挂式设计和整体科技发展已经为设计者提供了新的元素和基础。目前，原子滑车正朝着更快、更长、更高的方向发展。

1. 目前世界上最快的原子滑车"方程式罗萨"（Formula Rossa）

2010 年 11 月 4 日在阿联酋阿布扎比法拉利世界乐园开放的方程式罗萨是目前世界上最快的原子滑车，如图 2-1（a）所示。尽管它的高度只有 52m，但它能在 4s 内从 0 加速到 240km/h，它的加速系统借鉴航空母舰上的协助战机起飞的弹射装置。

2. 目前世界上最高的原子滑车"京达卡"（Kingda Ka）

2005 年 5 月 21 日，坐落在美国新泽西州首府杰克逊的六旗游乐园的京达卡对外开放，被称为"世界原子滑车之王"，如图 2-1（b）所示，"京达卡"在启动时，利用具有相当于战斗机的涡轮喷气发动机推力的水压活塞弹射器，能在短短的 3.5s 内将车速由静止提速到 206km/h 并弹射到 139.5m 的高空。"京达卡"采用最先进的铁轨制造技术，全程长度为 950m。顶部采用 270°的 U 型弯道扭转和 120°的下冲加速旋转。最后，通过磁力刹车，全程运行 59s。

3. 世界上最陡的原子滑车"高飞车"（Takabisha）

2011 年 7 月 16 日，日本山梨县富士山附近的富士急高原乐园进行试运营。这个世界最陡原子滑车，如图 2-1（c）所示，高飞车的弹射器采用线性加速系统，在 2s 内加速至 100km/h，在最高 43m 处以向内凹进去的 121°急速下降，共有 7 个大盘旋，轨道长度超过 1000m。

（a）方程式罗萨　　　　　　（b）京达卡　　　　　　（c）高飞车

图 2-1　世界原子滑车之最

原子滑车自 20 世纪 80 年代引入我国后，迅速成为各类主题公园争相投资的游乐设施。目前国内主要的原子滑车生产厂家有河北中冶冶金设备制造有限公司、北京实宝来游乐设备有限公司、上海游艺机工程有限公司、北京九华游乐设备制造有限公司、中山市金马游艺机有限公司、温州南方游乐设备工程有限公司等。他们制造的原子滑车采用先进的理论和设计方法、技术含量较高、单机规模比较大，企业具有生产大型娱乐设备的能力。自主设计开发技术的掌握、高附加值的产品的成功研制将对中国的游乐制造业产生深远的影响。

由华北冶金设备制造厂采用北京有色冶金设计研究总院设计生产的大型游艺机——三环原子滑车，于 1999 年运往并安装在越南胡志明市。这是我国该类型游艺机首次打入国际市场。

2004 年 9 月 29 日，北京实宝来游乐设备有限公司研发制造的新产品亚洲第一悬挂式原子滑车在石景山游乐园落成通车。国内引进的美国 S&S 公司的弹射式原子滑车最大速度已达到 135km/h。

2.2 特种机电设备原子滑车分类及组成

2.2.1 按照动力方式分类

原子滑车属于惯性滑行车类，它的特点是一次获得势能，然后靠贮存的势能滑行，完成全线的运动。为积蓄势能，需要将列车提升到第一个山坡的顶部，或以极大的推力将其发射出去。

2.2.1.1 链式提升器原子滑车

链式提升器原子滑车的提升装置是一根长长的链条（或多根链条），它安装在轨道下面，并沿山坡向上延伸，这根链条固定在一个环路中，这个环路在山坡的顶部和底部各有一个传动装置。山坡底部的传动装置是由一个简单的电动机转动的。通过转动链条环路，使之像一条长长的传送带那样持续不断向山坡顶部移动。原子滑车用几只链条锁簧和牢固的铰链钩抓住链条。当列车行进到山坡底部时，锁簧会咬住链条的链节。一旦链条锁簧被钩住，链条就会拉着列车向山顶行进。在最高点处，锁簧松开，列车开始沿山坡向下移动，如图2-2所示。

图2-2 链式提升器原子滑车

2.2.1.2 弹射器式原子滑车

在一些较新的原子滑车设计中，列车是通过弹射器发射的。弹射器的发射方式有几种，但原理基本相同。发射器能使列车在水平的位置并在极短时间内获得大量动能，如图2-3所示。

图 2 - 3　弹射器式原子滑车

1. 直线电机发射

直线电机是一种将电能直接转换成直线运动的动力装置，克服传统机械转换机构的传动链长、体积大等缺陷。按照直线电机的原理分为直线感应电机、直线同步电机等。

（1）直线感应电机（Linear Induction Motors）。当固定于车体上铜合金翼片通过轨道线圈时，其中，一个线圈被电流激励，在线圈和铜合金的翼片之间产生磁场，这样车体被推进到下一个线圈，一直这样继续，直到把车厢加速到一定的速度，并发射出去。

（2）直线同步电机（Linear Synchronous Motors）。直线同步电机应用吸引和排斥理论。车厢与轨道上都装有很强的永久性的磁铁，当车厢将要到达其中的一个轨道段时，通过计算机控制相应的这一段轨道的磁场产生电磁吸力，拉动车厢向前运动。当车厢通过这段轨道时，这一段轨道的磁极反向，把车厢推到下一个轨道段。轨道上很多组电磁铁有序的排列，使列车以极高的速度沿轨道移动。

2. 液压发射（Hydraulic Launch）

液压发射的工作原理为装在一组圆柱形的缸体里面的氮气和液压油通过装有可移动的活塞隔开，如图 2 - 4 所示，发射前通过泵组把液压油压送到加速器中，随着液压油压缩活塞，氮气的压力瞬时增加。发射时，阀门打开使液压油流回油箱，活塞在高压压缩氮气的驱动下向车体的方向流出加速器，车体瞬间获得巨大的推力。

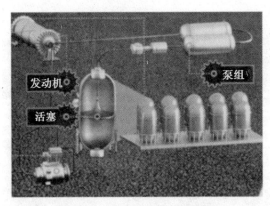

图 2-4 压缩气体轮发射装置

2.2.2 按照轨道类型分类

根据轨道的类型进行分类是最常用的分类方法，往往通过名字就可以反映出该原子滑车的特点。分为正向轨道类和悬挂式轨道类，其中正向轨道包括木质原子滑车、扭转原子滑车、火箭原子滑车、4D 原子滑车等；悬挂式轨道滑车包括：翻转脉冲原子滑车、翻转原子滑车、飞行原子滑车等。其中，原子滑车的一些轨道类型如图 2-5 所示，所有原子滑车的轨道都是由一些具体轨道单元组成，轨道单元如下页表所示。

（a）单环式　　　　　　　（b）螺旋式　　　　　　　（c）双环式

（d）悬挂式　　　　　　　（e）双曲线式　　　　　　（f）竖直式

图 2-5 原子滑车轨道类型

原子滑车的轨道单元类型

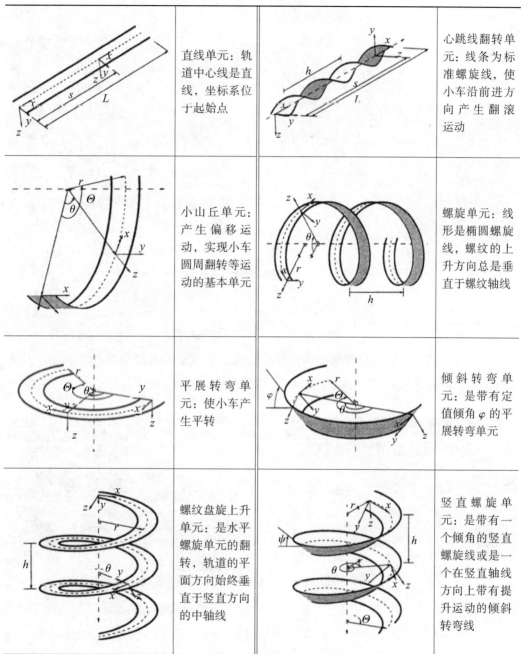

直线单元：轨道中心线是直线，坐标系位于起始点	心跳线翻转单元：线条为标准螺旋线，使小车沿前进方向产生翻滚运动
小山丘单元：产生偏移运动，实现小车圆周翻转等运动的基本单元	螺旋单元：线形是椭圆螺旋线，螺纹的上升方向总是垂直于螺纹轴线
平展转弯单元：使小车产生平转	倾斜转弯单元：是带有定值倾角 φ 的平展转弯单元
螺纹盘旋上升单元：是水平螺旋单元的翻转，轨道的平面方向始终垂直于竖直方向的中轴线	竖直螺旋单元：是带有一个倾角的竖直螺旋线或是一个在竖直轴线方向上带有提升运动的倾斜转弯线

2.2.3　按照承载方式分类

1. 车载式

乘客在车厢内乘坐的原子滑车，如图 2-6 所示。

（a）车载式（一）　　　　　　　　　　（b）车载式（二）

图2-6　普通车载式原子滑车

2. 悬挂式

悬挂式原子滑车是将车体和承载设施悬挂在封闭轨道之外，使人的身体重力点无所附着，乘坐时，只有座椅背部的顶端部位与轨道衔接，脚部没有踩踏的地板。将人多次翻转，脚部完全悬空，十分惊险刺激，如图2-7所示。

（a）悬挂式（一）　　　　　　　　　　（b）悬挂式（二）

图2-7　悬挂式原子滑车

3. 站立式

乘客采用站立方式乘坐的原子滑车，全身都能感受到翻滚时血液在体内的涌动，如图2-8所示。

4. 俯卧式

乘客趴着乘坐此种原子滑车，并可以自由张开双臂，就像飞行的鸟一样，如图2-9所示。

图2-8 站立式原子滑车　　　　　　图2-9 俯卧式原子滑车

2.2.4 特种设备原子滑车的组成部件及其功能

原子滑车的组成主要包括轨道、沿轨道移动的车体、提升或发射装置以及制动设备等，图2-10为链式提升原子滑车的结构。

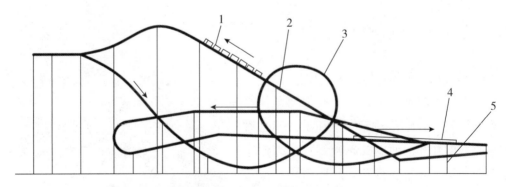

图2-10 链式提升原子滑车示意
1—车体；2—轨道提升段；3—轨道立环；4—站台；5—轨道立柱

1. 原子滑车车体

车体一般由5~6节车厢组成，每节车厢可最多承载4人，一般车厢由厢体、前后车轴和四个轮子组成，每个零件之间用连接副连接，车厢厢体由首车、牵引车、中间车、尾车、连接器等组成。在小车运行过程中，每列小车由连接杆和连接叉连接起来，完成小车和小车之间的牵引运动。由于原子滑车轨道只有一个爬升段，当运载小车运行到此处时受轨道处牵引链条的作用力向上作爬升运动，其余部分运载小车只受自身重力和摩擦阻力运动。在爬升运动阶段，以6节小车厢体为例，运载小车第2、3、5节小车为牵引车，受牵引力带动其余小车做爬升运动，第4节小车为中间车。车厢底架上的牵引钩受链条的向上牵引力作用带动6辆小车运动至轨道最高处，同时其底架上的逆止爪起保护作用，防止因牵引钩与链条滑脱而使运载小车逆向下滑回至爬升段底部。当第5节车厢到达轨道最高处后，第5节车厢下的牵引钩与链条自动脱开，此时运载小车的质心已经越过轨道最高位置，小车依靠自身势能和所受重力沿着轨道运动。

2. 原子滑车轨道

大型原子滑车的轨道的形状多种多样，有环形、螺旋形，但最基本的是山形轨道和泪形环轨。轨道用于限制原子滑车车辆的运行轨迹，它由两根钢制轨道组成。两根轨道平行排列，形状一致，是一条空间三维曲线。

3. 原子滑车制动系统

（1）摩擦力制动。制动系统通过光感控制系统控制车辆的制动，当原子滑车车辆到达终点站时，控制系统就会给出指令，夹铜丝的石棉带便会加紧车厢底部的钢片，用摩擦力实现制动。

（2）电磁制动。制动系统是通过在原子滑车上安装铜合金翼片来控制的，当原子滑车通过磁场时，铜片在平行的两排高强度的磁铁之间移动，使车体能够平稳地停止，电磁制动装置如图2-11所示。

4. 原子滑车的承重轮轴

承重轮轴起承重的作用，并带动车体在轨道上行驶。侧导轮轴起导向和承受转弯时的离心力的作用。而倒挂轮轴起一个类似安全轮的作用，在滑车翻越圆环时由于离心力的大小不同，轨道对小车施加的支持力也随之不同。当离心力比滑车的重力小时，倒挂轮轴就起作用，以避免滑车在重力作用下往下落。

图2-11　电磁制动装置

2.3 特种机电设备原子滑车轨道设计关键技术

原子滑车作为一种大型的高空翻滚滑行游艺机，是一个很庞大的系统工程，从它的组成设备就可看出，在原子滑车的整个设计过程中，需要应用到物理学、机械原理、设计学、液压学、气压学、人机工程学及电气学等方面的技术和理论知识。

原子滑车是从站台上发车，经过提升机，使滑车提升到一定高度，在势能的作用下，依靠惯性沿轨道滑行。时而加速俯冲、时而冲顶滑行，通过垂直立环；水平螺旋环及缓冲区减速滑行最后回到站台，完成一次循环运行。滑车运行过程中产生的加速度、离心力，以及失重感使游客在惊险刺激的感觉中体现极限的乐趣。所以原子滑车的轨道曲线设计需要运用到大量的物理学上的知识。

原子滑车各种设备的设计，制造都离不开机械加工工艺、机械原理、机械设计学等机械方面的知识。原子滑车各设备的制造材料的选取，加工工艺的确定都离不开机械知识。合适的材料，合理的机械加工工艺对原子滑车的制造成本，制造难易程度，原子滑车的经济性都起着决定性的作用。

原子滑车作为游乐设备，人机工程学的问题是必须要考虑的，每个乘客都希望在享受原子滑车的极限快乐的同时不受到任何的损伤，尽可能地感觉到舒坦。人机工程学在这些方面具有很重要的作用。原子滑车需要在准确的控制下安全运行，原子滑车安全臂的松开、锁紧，原子滑车的进出站，液压系统的供油，气动系统的供气，提升机的运转，原子滑车的运行都是需要严格控制的。这些功能的实现都是依靠专门为原子滑车设计的电气、电控系统来完成的。

2.3.1 原子滑车中的能量转换

原子滑车的运动包含许多物理学原理，人们在设计原子滑车时巧妙地运用这些原理，能量守恒原理便是其中之一。

机械能守恒定律，即一切物体在做任何运动时，只有保守力（重力、弹性力）做功其他非保守力和外力所作的总功为零，那么，该物体的机械能（包括动能和势能）的总和不改变。

$$E_k + E_p = E_{k_0} + E_{p_0} = 恒量 \qquad (2-1)$$

式中：E_k、E_{k_0}——分别表示物体在终态和初态的总动能；

E_p、E_{p_0}——分别表示物体在终态和初态的总势能。

根据能量守恒，能源可以从一种形式转化成另一种形式。在刚刚开始行驶时，原子滑车依靠机械装置的推力推上山形滑轨最高点，但在第一次下滑后，没有任何装置为它提供动力。事实上，从这时起，带动它沿轨道行驶的唯一的"发动机"将是引力势能，即由引力势能转化为动能，又由动能转化为引力势能这样一种不断转化的过程构成。

引力势能是物体因其所处位置而自身拥有的能量，由于它的高度和由引力产生的加速度而来的。对原子滑车来说，势能在处于最高点时达到最大值，即当原子滑车爬升到山轨的顶峰时势能最大（见图2-12）。当原子滑车开始下降时，由于高度下降，它的势能就不断地减少，但它不会消失，而是转化成动能，也就是运动能（见图2-13）。不过，在能量的转化过程中，由于原子滑车的车轮与轨道的摩擦而产生热量，从而损耗少量的机械能（动能和势能）。这就是为什么在设计中随后的山形滑轨没有开始时的山形滑轨那样的高度，因为没有一样多的机械能。

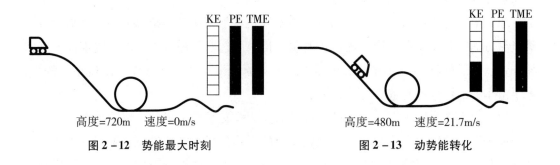

图中：KE——某一时刻滑车的动能；

PE——某一时刻滑车具有的势能；

TME——某一时刻滑车所具有的机械能（摩擦力、风阻力、轮子的旋转力，或者其他需要的力）。

原子滑车的最后一节小车厢是原子滑车赠送给勇敢的乘客的最为刺激的礼物。下降的感受在原子滑车的尾部车厢最为强烈。因为最后一节小车厢通过最高点时的速度比原子滑车头部的车厢要快，由于引力作用于原子滑车中部的质量中心的缘故。由于质量中心已在加速向下，所以乘坐在最后一节车厢的人就能会快速地达到和跨越最高点，就会产生一种要被抛离的感觉，尾部车厢的车轮是牢固地扣在轨道上的，否则在到达顶峰附近时，小车厢就可能脱轨甩出去。原子滑车头部的小车厢情况就不同，它的质量中心在"身后"，在短时间内，虽然处在下降的状态，但是要"等待"质量中心越过高点后才被引力推动。

在能量的转化过程中，由于列车的车轮与轨道摩擦而产生热量，以及克服空气阻力，从而损耗少量的机械能。所以在设计中，随后的山形滑轨没有第一个山形滑轨高。

2.3.2 原子滑车中的轨道曲线组成及设计原理

一般原子滑车的轨道由山峰、低谷、立环、转弯圆环和驼峰组成。不同的轨道形状其数学模型不同。

1. 山峰和低谷

山峰和低谷都是原子滑车轨道的基本组成部分。

山峰又分为两种，加速下降山峰和自由落体山峰。

（1）加速下降山峰。如图 2-14 所示。

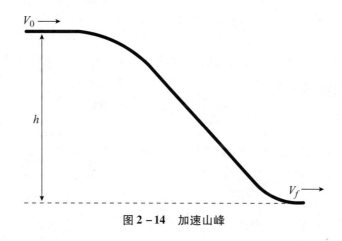

图 2-14　加速山峰

加速下降山峰给乘坐者一种速度越来越快的冲向地面的感觉，乘坐者没有太大的失重感。从山峰的最高点到最低点，除过渡的圆弧之外，由直线来连接。在下降过程中，重力势能不断向动能转换，所以速度也越来越大。加速下降山峰是原子滑车轨道中最容易设计的一段。不考虑轨道的具体形状。速度的计算公式：

$$V_f = \sqrt{V_0^2 + 2gh} \qquad (2-2)$$

式中：V_f——在山峰顶部速度；

　　　V_0——在山峰底部速度；

　　　h——山峰高度。

（2）自由落体山峰。

乘坐原子滑车最刺激的时刻是越过山峰开始自由下落时，乘坐者会有一种强烈的失重感觉。如图 2-15 当小球以某一水平初速度离开桌面后，小球在水平方向上继续保持匀速圆周运动，在竖直方向上做自由落体运动。为让乘坐者觉得更加刺激，计算出符合下落轨迹的轨道曲线。

速度的计算与加速下降山峰一样，两种山峰的区别在于曲线形状的不同。

29

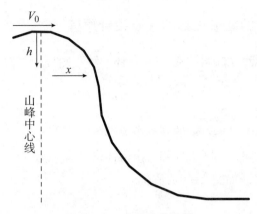

图 2－15　自由落体轨道

山峰的形状取决于原子滑车通过山峰顶部的速度，通过山峰顶的速度越大，山峰就越宽。自由落体山峰计算公式：

$$h = \frac{gx^2}{2V_0^2} \qquad\qquad (2-3)$$

式中：h——山峰下降的高度；

　　　　x——离开最高点的水平距离；

　　　　V_0——小车离开山顶时的速度。

通过式（2－3）给出的速度、下降高度、水平位移三者的关系，可以得出自由下降山峰轨道的上半部分。

当速度方向与竖直方向的角度达到 35° 和 55° 之间时，选择合适的位置连接过渡曲线。两段曲线过渡的点叫拐点。如图 2－16 所示。

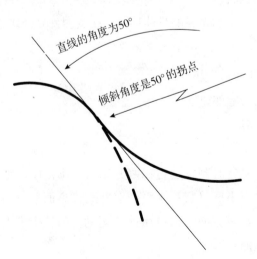

图 2－16　自由落体轨道设计曲线

利用水平和垂直速度计算拐点的角度。

根据能量守恒定律得：

$$V_B = \sqrt{V_T{}^2 + 2gh} \qquad (2-4)$$

式中：V_B——轨道底部的水平速度；

V_T——轨道顶部的水平速度。

运用运动学的基本公式：

$$x = x_0 + (V_{x_0})\,t + \left(\frac{1}{2}\right)(a_x)\,t^2 \qquad (2-5)$$

又由：

$$t = \frac{\sqrt{V_{y_0}{}^2 + 2(a_y)} - V_{y_0}}{a_y} \qquad (2-6)$$

式中：V_{y_0}——拐点处的竖直速度。

通过式（2-4）、式（2-5）、式（2-6）可得到：

$$a_y = \frac{V_y - V_{y_0}{}^2}{2y} \qquad (2-7)$$

式中：V_y——竖直方向的末速度（为0）。

用相似的方法计算 a_x（水平方向的加速度），然后将水平和竖直方向的加速度合成，得到合加速度，也就是乘坐者所承受的净加速度 a_{net}。如图 2-17 所示。

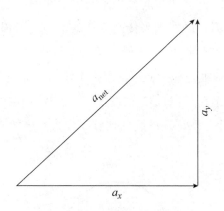

图 2-17　净加速度的计算

最后，把已经确定的有关参数带入式（2-5），可以得到"X"关于"Y"的方程。

2. 立环

立环是指一段不断向上倾斜的轨道，最后形成一个完整的360°回环，是原子滑车最基本的翻转单元。在立环的顶部乘客完全倒置。通常立环不是一个完整的圆形，而更多的是泪滴形回环（clothoid loop），由于外形像倒置的泪滴而得名。

（1）圆形立环。如图 2-18 所示。

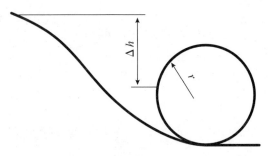

图 2-18　圆形立环单元

如果不考虑摩擦和车厢的长度，直接由势能获得动能，则向心加速度为 $a_c = v^2/r = 2g\Delta h/r$，$\Delta h$ 为轨道车厢到轨道最高点的距离，r 为圆环半径，在极限情况下，在曲线的顶部，当向心加速度完全由重力提供，乘客将感觉到失重，即当 $\Delta h = r/2$ 时，当车厢通过最高点到达左侧边时向心速度增加 $2g$，即为 $g + 2g = 3g$，当到达圆环底部时向心加速度为 $g + 4g = 5g$，由于乘客本身具有 g，这就导致乘客将承受 $6g$ 的重力加速度，由水平轨道进入圆环轨道经历瞬态加速度过大，将使乘客感觉到非常不舒服。

（2）泪形立环。

在实际轨道中很少用到圆形轨道，而是根据一定的原则来对轨道进行适当的修改。

根据乘客在立环的底部所承受的重力加速度控制在安全范围内（当车厢以一定的速度刚好能通过立环的顶部）的原则来修改立环的形状。可以通过保持向心加速度值恒定来实现，向心加速度与 v^2/r 成正比例，随着车厢进入立环轨道，高度不断上升，速度将不断减少，这时可以通过减少立环的半径来使向心加速度保持恒定。

理想立环的一阶近似解能够通过适当的圆弧半径简单的连接组成，如图 2-19 所示，此轨道速度低的地方半径小，底部速度高的地方半径大。这种轨道相对于完整的圆形轨

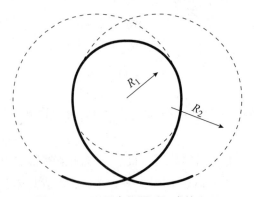

图 2-19　不同半径圆弧组成的立环

道有很大的进步，但立环的底部和不同半径轨道相连接的地方仍然存在加速度的突变。

　　Clothoid 曲线是一种半径能随旋转角度线性的变化的曲线，如图 2 – 20 所示，设计合理能够很好地满足恒定向心加速度的要求，这种曲线有时也被用作不同曲率轨道的连接单元，该曲线也经常被用在铁路和公路上。

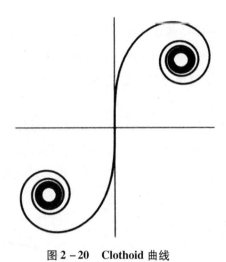

图 2 – 20　Clothoid 曲线

　　用 Clothoid 曲线修改立环曲线的半径来保持恒定的向心加速度，修改后的轨道如图 2 – 21、图 2 – 22 所示。

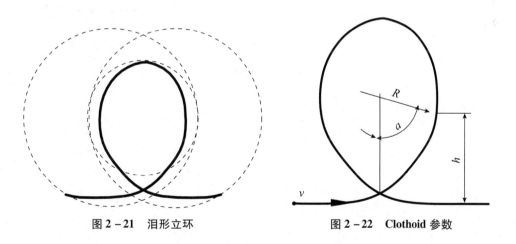

图 2 – 21　泪形立环　　　　　　　　　图 2 – 22　Clothoid 参数

　　泪形立环轨道上任意一点的半径可以用下面的方程表示：

$$R = \frac{v^2 - 2gh}{a - g\cos\alpha} \tag{2-8}$$

式中：v——进入圆环的速度；

　　　h——到底部的高度；

a——设定的恒定的加速度；

α——车厢与中线的夹角。

3. 转弯单元

转弯单元是指曲线在高度上没有变化，包括平面转弯单元和倾角转弯单元。如图 2-23 所示。

（1）平面转弯单元：平面转弯单元使乘客有被甩向外边的感觉。乘客所受的向心加速度可用公式 $a = v^2/r$ 来计算，如果车厢的速度很快，半径很小，将会产生很大的力。

（2）倾斜转弯单元：倾斜转弯单元通过适当的倾斜车厢的一边能够减少乘客被甩向外边的感觉。

理想的倾斜转弯圆弧是：不需要平行于轨道方向的力小车就在轨道上正常行驶。倾斜转弯单元即使被没有摩擦的冰覆盖并且小车没有任何的转向装置，小车照常在轨道上正常行驶，这就是理想的倾斜角度 ψ。一般来说，进入倾斜转弯圆弧的速度越大，所需的倾角就越大。

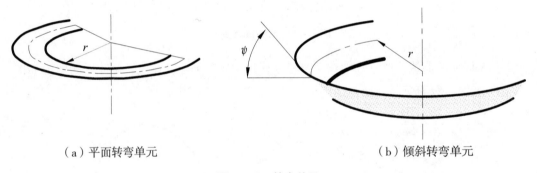

（a）平面转弯单元　　　　　　　　　　（b）倾斜转弯单元

图 2-23　转弯单元

具体的分析受力情况如图 2-24 所示。

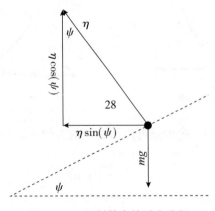

图 2-24　倾斜转弯的受力分析

34

由力的平衡原理得：X 方向和 Y 方向分别受力平衡，及：

$$\sum F_x = \frac{mv^2}{r} = \eta\sin（\psi）\qquad\qquad（2-9）$$

$$\sum F_y = 0 = \eta\cos（\psi）-mg\qquad\qquad（2-10）$$

通过式（2-9）、式（2-10）可得到：

$$\tan（\psi）=\frac{v^2}{rg}\qquad\qquad（2-11）$$

由此得出速度、半径和倾角之间的关系。式（2-11）可以作为设计的一个重要依据，但也只是一种理想的状态，当小车的速度高于或低于这个设计速度时，就需要一些摩擦力来维持小车在轨道上的正常运动。

乘客所受的来自座椅的力用下式计算：

$$\eta=\frac{mg}{\cos（\psi）}.\qquad\qquad（2-12）$$

根据力计算出加速度：

$$a = g\tan（\psi）\qquad\qquad（2-13）$$

当设计的倾斜角度过大时，小车会有向中心滑的趋势，小车的侧轮会保证小车正常运行，乘坐者会有自己被向下拉的感觉，这时需要一些摩擦力。当设计倾角过小，乘坐者感觉要被甩出去，这时同样需要一些摩擦力来维持小车在轨道上行驶。

4. Helix 曲线单元

Helix 曲线是具有很大倾角的螺旋单元，能够传递较大的水平加速度，对于复杂些的 Helix 曲线能够两个 360°旋转。

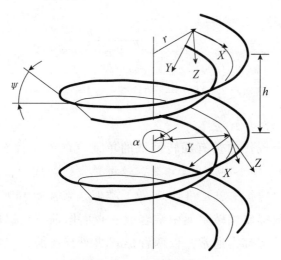

图 2-25 Helix 曲线参数

在分析前进行几个相应的假定，这样可以简化分析的复杂性，仍然可以产生相对可靠的结果，第一，把乘客和车厢假定为一个粒子沿轨道运动；第二，假定车厢和轨道之间没有摩擦力。其他的一些基本的设定包括：Helix 轨道的半径为 r，沿轨道的固定速度为 $V_c = 88 \text{km/h}$，加速度不超过 $4g$。选取 $4g$ 加速度是为降低过大的加速度对人体的影响。人类能够承受加速度的极值是 $7.5g$。在设计过程中速度和加速度如果需要进一步的提高，通过简单的改变参数值即可。

通过给定的速度、加速度，求出 Helix 曲线的螺距 h，螺距为绕 Z 轴旋转一周后在车厢高度方向的变化值，可以用代数方程表示为：

$$h = \frac{2\pi \dot{z}}{\dot{\alpha}} = \frac{2\pi z}{\alpha} \qquad (2-14)$$

为进一步的简化分析，速度和加速度将用圆柱方程进行表示：

$$V_c = \dot{r}\hat{e}_r + r\dot{\alpha}\hat{e}_\alpha + \dot{z}\hat{k} \qquad (2-15)$$

$$a_c = (\ddot{r} - r(\dot{\alpha})^2)\hat{e}_r + (r\ddot{\alpha} + 2\dot{r}\dot{\alpha})\hat{e}_\alpha + \ddot{z}\hat{k} \qquad (2-16)$$

由于半径是常量，即半径的一、二阶导数都为零。另外，前面假定速度为常量，所以 α 和 z 的二阶导数为零。上面的方程简化为：

$$V_c = r\dot{\alpha}\hat{e}_\alpha + \dot{z}\hat{k} \qquad (2-17)$$

$$a_c = -r(\dot{\alpha})^2\hat{e}_r \qquad (2-18)$$

由此可见车厢仅仅在半径方向进行加速。前面设定最大加速度为 $4g$，因此 a_c 最大为 4。得出：

$$\dot{\alpha} = \sqrt{\frac{4}{r}} \qquad (2-19)$$

将此方程代回到速度方程得：

$$\dot{z} = \sqrt{V_c^2 - (r\dot{\alpha})^2} \qquad (2-20)$$

最后利用方程 $h = \frac{2\pi \dot{z}}{\dot{\alpha}} = \frac{2\pi z}{\alpha}$ 计算出节距。

5. 螺丝钻单元

螺丝钻是第一个现代的具有翻转特征的单元，该单元首次出现在 1975 年由 Arrow 公司设计的原子滑车中。几十年来，这种单元已经成为很多钢铁的翻转类原子滑车的主要单元。螺丝钻单元和 Helix 单元类似，乘客能 360°旋转，和立环单元不同的是，在整个的螺旋翻转单元中乘客能一直面向前方。螺旋翻转单元一般设置在原子滑车轨道的尾部，通常是以两种形式成对存在的，其中一种形式为一个螺旋翻转单元的尾部直接和下一个螺旋单元的开始部分相连，另一种形式为两个螺旋单元的出口和入口是平行的，两个螺旋单元的轨道彼此交叉。如图 2 - 26 所示。

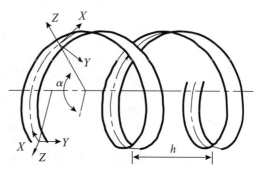

（a）螺丝钻实物　　　　　　　（b）螺丝钻曲线参数

图 2 - 26　螺丝钻

螺丝钻单元的螺旋翻转能使乘客以较慢的、恒定的速度完成翻转，而平面翻转单元是以很快的变速完成翻转。

6. 中心线旋转单元

中心线旋转单元：TOGO 公司是第一个设计出绕心旋转单元。这种单元使乘客能够完成 360°的旋转。车厢旋转的中心线为固定不变的轴线，中心线的高度和乘客的心脏部位等高，为保持旋转中心不变，车厢不断地改变高度。如图 2 - 27 所示。

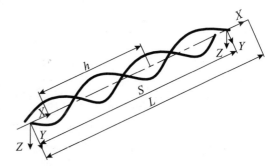

（a）中心线的位置　　　　　　　（b）中心线旋转单元参数

图 2 - 27　中心线旋转单元

7. 殷麦曼回环单元（Immelmann）

殷麦曼回环单元：该单元在很多原子滑车中都非常流行。殷麦曼环起源于殷麦曼旋转，命名源于德国的飞行员马克斯殷麦曼。在殷麦曼环中乘客进入到半环后，进行半扭转后方向进入反向方向，转化成近似于直线下降到起点。如图 2 - 28 所示。

图 2 - 28　殷麦曼回环单元

2.3.3　原子滑车轨道设计步骤

通过相应的物理和数学的知识设计一个安全并且令人激动的原子滑车轨道。原子滑车轨道设计的基本步骤如下。

第一步：大概画出将要设计的原子滑车轨道的基本组成结构，如图 2 - 29 所示。

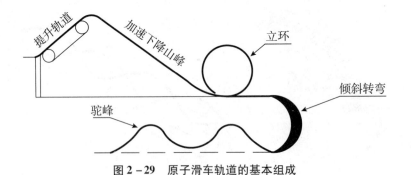

图 2 - 29　原子滑车轨道的基本组成

第二步：设定车厢离开车站的初始速度 $V_1 = 5.24\text{m/s}$，提升到山顶的速度 $V_2 = 8.26\text{m/s}$，提升山峰的最高点 124.5m，站台的高度为 22.5m，如图 2 - 30 所示。假设小车由 6 节车厢组成，每个车厢由两个人，每人按 100kg，每节车厢重 535kg，所以，整体的车厢重 4410kg。

提升段的倾角可以选择 42°，计算出提升轨道长度为 152.4m。

提升力可以按如下步骤进行计算。

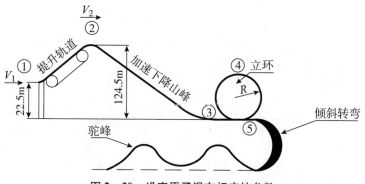

图 2 – 30　设定原子滑车相应的参数

$$KE_1 + PE_1 + W = KE_2 + PE_2$$

KE_1　离开站台①时的点动能；PE_1　离开站台①时的点势能；W　拉力从①到②所做的功；KE_2　在山顶②点的动能；PE_2　在山顶②点的势能。

$$\frac{1}{2}mV_1{}^2 + mgh_1 + Fd = \frac{1}{2}mV_2{}^2 + mgh_2$$

$$F = 29515.314\text{N}$$

第三步：计算在整个轨道中的最大的速度。

在底部的③点速度最大，通过能量守恒定律算出 $V_3 = 50.1\text{m/s}$

第四步：设计立环。

对于任何形状的立环，设计者应该分别计算出车厢进入立环的速度、在立环顶部的速度、离开立环的速度；也应该计算出乘客所受到的加速度。假定立环的半径 $R = 31.2\text{m}$，根据能量守恒定律算出在圆环顶部④的速度为 $V_4 = 35.9\text{m/s}$，当乘客在进入和离开圆环时的加速度为 $a_c = v_5{}^2/r$，$V_5 = 50.1\text{m/s}$，$a_5 = 8.2g$，乘客受到的重力加速度为 $9.2g$，而很多原子滑车的加速度不能超过 $5g$。应该使底部半径增大。同理可以算出顶部的向心加速度 $a_4 = 4.2g$，乘客受到的重力加速度为 $4.2g - 1g = 3.2g$，但是 $3.2g$ 对于立环的顶部有些大，大多数的立环顶部的乘客所受重力加速度为 $1g \sim 2g$。利用前面的泪滴形立环的计算公式，重新设计立环的形状，修改后如图 2 – 31 所示。

对于优化后的立环，需要重新计算速度和加速度。

第五步：倾斜转角。

在图 2 – 31 中，倾斜转角单元是一个水平的曲线，该单元处于轨道的最低点，其速度和③点的速度相同。假定初始的转弯半径为 31.2m。

这条倾斜转弯角度，将用理想倾角进行设计，当车厢在理想的倾角情况转弯时，不需要摩擦力或水平力，车厢仍然能顺利运行。

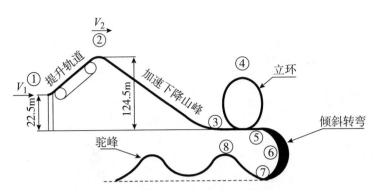

图2-31 修改后的立环及不同轨道单元的编号

$$\tan(\psi) = \frac{V^2}{rg} = \frac{50.1^2}{31.2 \times 9.8} = 0.164$$

$\psi = 9.3°$，由此可见，角度过小，几乎是水平转弯。可以通过减少半径来增大倾角。

加速可以通过下面公式计算：$g_f = \dfrac{1}{\cos(\psi)} = \dfrac{1}{\cos(9.3°)} = 1.013g$

由于倾角较小，需要检验水平加速度 a_c，即乘客在曲线的水平面上感觉到的加速度 a_c：

$a_c = \dfrac{v^2}{r} = \dfrac{50.1^2}{31.2} = \dfrac{80.398}{9.8} = 8.2g$。一般情况下，乘客能承受的加速度的正常值范围为1g～2g，8.2g的水平加速度将把乘客甩向车厢的一侧，超出乘客的承受极限。轨道的倾斜角需要重新设计并优化。

第六步：驼峰单元。

驼峰的起点在轨道的最低点⑦，最高点⑧的高度设21.5m，根据能量守恒定律算出 $v_8 = 45.7 \text{m/s}$。

完成上面的6个步骤后，原子滑车轨道需要在以下方面进行修改：减少②点的高度来减少车厢进入立环单元和倾斜转弯单元的速度。重新设计立环和倾斜角度来减少乘客所受的重力加速度。对于在轨道尾部的驼峰单元，速度45.7m/s偏大，可通过增加驼峰的高度或驼峰的宽度，降低速度。

2.4 特种机电设备原子滑车轨道的参数化设计

前述原子滑车轨道的设计方法，需要手工计算，计算量大，曲线修改过程复杂，计算过程中没有考虑到运动和力的传递以及曲线节点的连续性。用计算机辅助设计能够提高计算的精度、减小劳动强度、缩短设计周期，下面介绍面向对象的轨道参数化的设计方法。

利用空间样条曲线进行原子滑车参数化设计的流程为：首先用弗莱纳（Frenet – Serret）公式将空间曲线用参数方程进行表示，再利用 C + + 开发面向对象的多体设计系统。

2.4.1　空间曲线的特点及其参数化

曲线的微分几何特性影响运动物体沿轨道的速度和加速度。

空间曲线可以用参数表示 $\Delta r = [\Delta r_x(u), \Delta r_y(u), \Delta r_z(u)]^T$　　$a < u < b$

$$(2-21)$$

这里 $\Delta r_x(u)$，$\Delta r_y(u)$，$\Delta r_z(u)$ 是笛卡儿坐标的分量，对于每一个参数 u，空间曲线上对应点的向量半径用 $\Delta r(u)$ 表示。如图 2 – 32 所示。

Δr 的 k 阶导数为：

$$\frac{d^k \Delta r(u)}{du^k} = \Delta r^{[k]} = \left[\frac{d^k \Delta r_x(u)}{du^k}, \frac{d^k \Delta r_y(u)}{du^k}, \frac{d^k \Delta r_z(u)}{du^k}\right]^T \quad (2-22)$$

如果曲线是 k 阶连续可微的函数，则把这类曲线称为 C^k 类曲线。

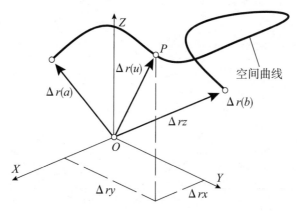

图 2 – 32　参数 $\Delta r(u)$ 表示的空间曲线

对于空间曲线段 Δr 的弧长可以利用逼近的多边形线条的顶点之间的长度计算：

$$s_n = \sum_{k=1}^{n} \| \Delta r(u_k) - \Delta r(u_{k-1}) \| \text{ 其中 } p \text{ 为 } u_n - u_{n-1}, \ u_B < u_1 < u_2 < \cdots < u_n < u_E$$

$$(2-23)$$

利用微分中值定理可得：

$$s_n = \sum_{k=1}^{n} \left\| \frac{d\Delta r(\xi_k)}{du} \right\| (u_k - u_{k-1}) \quad \xi_k \in [u_{k-1}, u_k] \quad (2-24)$$

通过求 s_n 的极限令 $\| P \| \to 0$ 得到：

$$s = \int_{u_B}^{u_E} \| \frac{d\Delta r(\xi)}{du} \| \, \mathrm{d}\xi \tag{2-25}$$

可得到微分方程：

$$\frac{\mathrm{d}s}{\mathrm{d}u} = \| \frac{\mathrm{d}\Delta r \ (u)}{\mathrm{d}u} \| \tag{2-26}$$

计算时，假定每条曲线用弧长进行参数化，表示：$u \equiv s$，这种假设使曲线节点之间的传递函数大大简化。

弗莱纳（Frenet–Serret）公式，通过弧长 S 来参数化曲线。曲线在点 M 的单位切向矢量 t 为：

$$t = \Delta r' \ (s) \tag{2-27}$$

利用公式 $t^T t = 1$，得到：

$$t'^T t + t^T t' = (t^T t)' = 0 \tag{2-28}$$

切向矢量的导数在轨迹的切线方向，可以被写作：

$$t' = \Delta r'' = kn \tag{2-29}$$

这里 $k = \| t'' \| = \| \Delta r'' \|$，$n = \Delta r'' / k$ 是单位主法线矢量，曲线的半径在点 M 的轨迹的曲率为：$\rho = \frac{1}{k}$。空间轨迹上 M 的向量如图 2–33 所示。

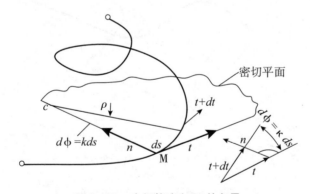

图 2–33　空间轨迹上 M 的向量

在如图 2–33 所示的 M 点的密切平面上，单位副法线矢量 b 是与单位切向矢量 t 和单位主法线矢量 n，两两相互垂直的矢量，副法线矢量可以表示为：

$$b = n \times t \tag{2-30}$$

轨迹上的任意一点可用三个矢量的导数来表示，所以弗莱纳公式表示如下：

$$\begin{aligned} t' &= kn \\ n' &= -kt + \tau b \\ b' &= -\tau n \end{aligned} \tag{2-31}$$

轨道设计中常用贝塞尔曲线、B 样条曲线。

1. 贝塞尔（Bezier）曲线的参数化

贝塞尔曲线由法国雷诺汽车公司的 P. E. Bezier 于 20 世纪 70 年代初为解决汽车外形设计而提出的一种新的参数表示法，这种方法的特点是：控制点的输入与曲线输出之间的关系明确，使设计人员比较直观地估计给定条件与设计出的曲线之间的关系。

贝塞尔曲线是用光滑参数曲线段逼近一折线多边形，不要求给出导数，只要给出数据点就可以构造曲线，而且曲线次数严格依赖确定该段曲线的数据点个数。该曲线是由一组折线来定义的，且第一点和最后一点在曲线上，第一条和最后一条折线分别表示曲线在起点和终点处的切线方向。贝塞尔曲线的公式如下：

$$\Delta r_i(u) = \sum_{j=0}^{k} c_{i,j} B_{j,k}(u) \qquad (2-32)$$

其中，每一段贝塞尔曲线是基本函数 $B_{j,k}(u)$ 与权系数 $c_{i,j}$ 的乘积。

$$B_{j,k}(u) = \binom{k}{j}(1-u)^{k-j}u^j, \ j = 0,1,2,\cdots,k$$

2. B 样条（B-Spline）曲线的参数化

B 样条曲线及曲面在计算机辅助设计应用上较贝塞尔曲线广泛，因 B 样条曲线是包含贝塞尔曲线的通用数学表示法。除有贝塞尔曲线的优点，同时又具有其他独有的特性，例如，局部控制的能力，可以在不改变曲线阶数下增加曲线的控制点等。

$\Delta r(u)$ 为 B 样条曲线的位置向量，则沿着参数 u 的 B 样条曲线可以定义为：

$$\Delta r(u) = \sum_{i=0}^{n} c_i N_{i,k}(u) \qquad (2-33)$$

k 为控制曲线连续性的阶，n 为控制点个数减 1，$k-1$ 阶的混合函数 $N_{i,k}(u)$ 可以递归的定义如下：

$$N_{i,1}(u) = \begin{cases} 1 & u_i \leqslant u \leqslant u_{i+1} \\ 0 & \text{其他情况} \end{cases} \qquad (2-34)$$

$$N_{i,k}(u) = \frac{(u-u_i)N_{i,k-1}(u)}{u_{i+k-1}-u_i} + \frac{(u_{i+k}-u)N_{i+1,k-1}(u)}{u_{i+k}-u_{i+1}} \qquad (2-35)$$

B 样条曲线主要由控制点位置、参数 k 以及所给定的节点值 u_i（$i=0$，1，$\cdots$，n）（又称为节点向量）来决定。

2.4.2　曲线节点的力和运动的传递

空间轨道被看作为通过节点传递运动和力的动静态传递单元。利用弗莱纳

（Frenet）公式进行参数化能够避免在弯曲轨道点上的奇异化。

为描述导向运动的动静态传递单元，必须先介绍输入和输出以及相应的运动和力的传递函数。矢量函数 $\Delta r(s)$ 表示节点向量，对应的路径坐标 s 的基准坐标系 k_1，k_1 是通过参照固定坐标系 k_0 设定在空间的某一位置。k_2 为沿空间曲线运动的移动坐标系，同时代表动静传递的单元的输出。参照坐标 k_1 和路径坐标 s 为动静传递单元的输入。空间曲线节点的模型如图 2 - 34 所示。

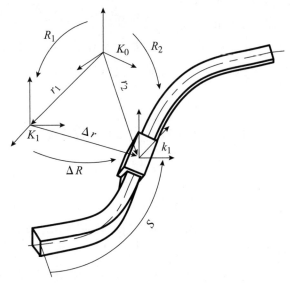

图 2 - 34　空间曲线节点的模型

对于节点的输出用 k_2 的方向和位置表示，可用下列公式计算：

$$R_2 = R_1 \Delta R$$
$$r_2 = \Delta R^{\mathrm{T}}(\Delta r + r_1) \tag{2 - 36}$$

根据公式可根据输入 k_1 的力、角速度、角加速度计算出节点 k_2 输出的力、角速度、角加速度。

对于用样条曲线来构建的空间曲线，可以利用已有的计算法则，在目前来说，采用 5 阶 B 样条曲线能够光顺并优化整个设定位置、倾斜角度和曲率边界条件的轨道。

2.4.3　几何轨迹设计的算法

在轨道设计过程中，除考虑轨道的向量函数 $\Delta r(u)$ 外，还应计算轨道倾角函数 $\beta(u)$ 和水平向量函数 $h(u)$，以 B 样条曲线的参数化为例，参数化公式如下：

$$\Delta r(u) = \sum_{i=1}^{n} c_i N_{i,k}(u, \lambda) \tag{2 - 37}$$

$$\beta(u) = \sum_{i=1}^{n_\beta} c_{\beta,i} N_{i,k}(u,\lambda_\beta) \qquad (2-38)$$

$$h(u) = \sum_{i=1}^{n_h} c_{h,i} N_{i,k+1}(u,\lambda_h) \qquad (2-39)$$

在以上公式中，样条曲线的基本参数 n，n_β，n_h 的个数可能会不同，同样节点向量 λ，λ_β，λ_h 也可能不同。节点和曲线的系数 c_j，$c_{\beta,i}$，$c_{h,i}$，可以在交互绘图系统中直接编辑，比如在交互绘图界面中可以通过拖动鼠标来拖动进行编辑，更为精确的调整方法是通过曲线的曲线拟合算法来进行，可以实现光顺、插值曲线或逼近样条曲线。

2.4.4 采用面向对象的设计方法

借助于前面所述的曲线的参数化方程和运动及动力学传递函数，利用面向对象的 C++ 开发设计原子滑车仿真设计程序。将分别介绍空间轨道的几何对象、力学对象以及曲线连接点的对象。

1. 几何对象

几何形状对象包括标量曲线（如侧倾角函数）和 3D 曲线（如运动轨迹和水平矢量函数）。如图 2-35 所示，分别代表标量曲线和 3D 曲线的对象，$\{u, s\}$ 为曲线的参数，根据曲线的类型可以是一般的曲线参数 u 或路径的坐标 s。

设计的流程为：第一步，"曲线参数值计算"计算并且返回函数值和高阶导数值，通常在 3 阶曲线要计算 4 阶导数，4 阶曲线要计算 5 阶导数，在标量曲线中计算 2 阶导数。第二步，"生成几何曲线"计算出由用户给出的形状定义参数相吻合的内部函数系数。

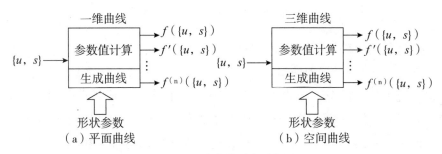

图 2-35　主曲线对象的框图

2. 力学对象

力学对象模块主要包括传递动能和作用力的轨道曲线的各个支撑点。力学对象的轨道曲线支撑节点具有两个功能，计算节点传递的运动，另一个为计算节点传递动力。

轨道曲线支撑点的运动从输入端 k_1 传递到轨道段的尾部 k_3，如图 2-36 所示，k_3 将作为下一个的曲线节点 c_{i+1} 的输入，这样就有多个独立的曲线节点首尾相连组成光滑的刚性轨道。力学对象的曲线节点具有两个功能，一个计算节点传递的运动，另一个为计算节点传递的力。

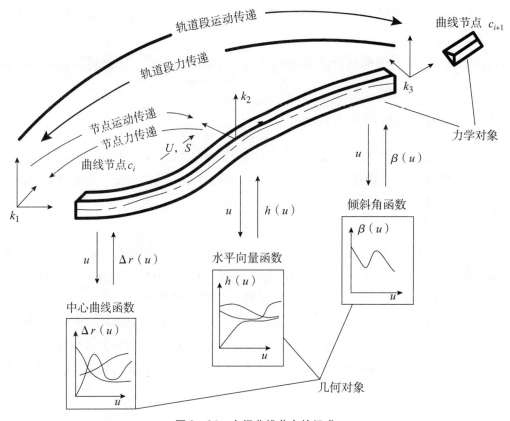

图 2-36　空间曲线节点的组成

3. 曲线连接点的对象

在实践工程中使用的任何轨道都是由很多不同参数和倾角的轨道段组成。图 2-37 为原子滑车轨道的一部分，由直线轨道、圆形轨道和一段样条曲线段的轨道组成，对于设计采用的多体系统来说，每一种具体的轨道类型的参数不是很重要，整体轨道段应该出现唯一的一个节点，其内部分割成不同的轨道段。相当于引入轨道节点集合 c_i，$i = 1$，2，$\cdots$，n，并且和单一的曲线节点具有相同的功能。图 2-38 为曲线连接链。

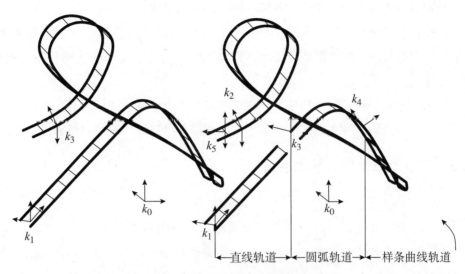

图 2 - 37 输入为 k_1 输出为 k_2 的一段轨道

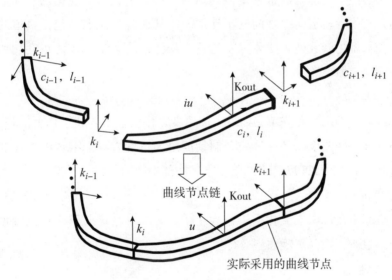

图 2 - 38 曲线节点链的连接

2.5 特种机电设备原子滑车设计流程及设计准则

2.5.1 原子滑车设计步骤

（1）进行轨道布局的初步设计，利用三次的贝塞尔样条曲线对轨道的中心线进行初步设计。

47

（2）设计出提升装置或驱动装置以及制动部分的尺寸。

（3）根据加速度的标准，光顺中线以及微调侧倾角进行轨道曲线的调整和优化。一般是手工调整和数值优化相结合进行。调整的结果通常需要进一步的修改以提升装置或制动装置的尺寸。

（4）进行结构分析，包括轨道和支撑件的静态受力分析。

（5）使用测量原子滑车的速度和加速度的数据来验证仿真模型的可靠性。

2.5.2 原子滑车设计的基本准则

1. 几何尺寸准则

选择合适的外形尺寸，因为外形尺寸与整个运行时间关系密切，外形尺寸越大，时间越长。为让乘客感到刺激，又不至于产生异常生理反应，一般时间安排在 30s 左右。原子滑车轨道的总体尺寸大小由国家标准规定的界限包络（界限以内的空间）。界限包络是指乘客能手臂运动的极限范围内可触及的、沿轨道的虚拟的空间，能够检测界限包络与建筑物，轨道支撑之间的干涉情况。其他的几何准则包括轨道的最大曲率和挠率。在前后轴之间或列车厢体之间的轮系悬挂系统运动的转弯角度和切向扭转范围的限制决定轨道曲率。

2. 动力学准则

动力标准取决于乘客允许承受的最大加速度，作用于车体和结构上的最大的载荷，车体在轨道最高点的速度以及保证安全制动的最大速度。对于乘客的加速度评价是位于座椅上方 0.6m 处的加速度，大约处于乘客胸部中间的位置。

3. 高精度准则

滑车轨道间距允许误差变化率不得大于千分之二，轨道曲率半径应合理选用，各转弯处要圆滑过渡，确保车辆顺利运行。

4. 强度准则

原子滑车零部件应牢固可靠，重要零部件及关键焊缝必须进行探伤检查。重要的轴和销，一般应采用不低于 45 号钢的材料制造，表面粗糙度不低于 Ra1.6μm。各类易损件在正常运行情况下，其寿命一般不少于 6 个月等。

5. 经济准则

原子滑车的载客量，厢体的尺寸和数量以及能量供应设备的尺寸（提升，直线驱动）。这些参数会影响原子滑车对乘客的吸引力以及部件和结构的成本。

6. 工艺性准则

原子滑车应具备制造性与装备性。否则设计再好，成本还是会很高。

2.5.3 某单环原子滑车轨道的设计

某单环往返式原子滑车轨道总长 276m，起始点最高处 34.153m，轨道占地长度 200m，运送的小车一列 6 辆，乘客 24 人，运行最高速度 85km/h。

1. 确定工作对象和工作任务

开始设计单环滑车前，首先要确定工作对象、工作任务。明确原子滑车车辆有怎样的形状结构，原子滑车将完成怎样的运行轨迹，其尺寸如何等情况。

2. 确定设计要求

载荷：以每人 70kg 计算，一节车厢满载时总质量为 1500kg。

运行速度：时速控制在 100~110km，加速度控制在 6~7g 以内。

精度：车辆与轨道的配合精度以应足以使车辆在三维轨道的运行平稳、流畅。

3. 尺寸规划

尺寸选用要合理，尺寸过大将导致运行时间过长，乘客将感到乏味并且将导致人体多种不适症状。尺寸过小，将影响车辆零部件受力状况而缩短其使用寿命。

4. 强度要求

车厢与车厢的连接强度必须足够，车厢的框架必须采用金属材料，卷扬装置的齿轮应符合齿轮标准，无异常的偏啮合及偏磨损。

单环原子滑车的设计包括：主体滑行结构、提升机、滑车、站台、制动系统、气动系统、电控系统、设备基础。原子滑车从起点站被卷扬装置拉上斜坡，并顺斜坡滑下后，将沿着圆环内侧运行往返一周，最后回到起点站。图 2-39 为单环滑车轨道的形状。

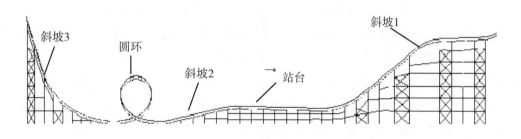

图 2-39 单环滑车轨道

滑车在重力的作用下沿轨道滑行，第一次到达轨道的最低点时速度最大，由此得最低点高度为 1.2m。由经验和小车的总质量取摩擦损耗的能量为单位轨道长度（1m）、单位质量的能量损耗为：$\Delta E/m = 0.289\text{J/kg}$。

由能量转换和守恒定律计算关键点的高度，初步定出曲线轨迹，由圆弧和直线组成，直线和圆弧，圆弧和圆弧分别相切。

根据牛顿第二定律，能量转换和守恒定律，算出轨道的起始点，其他各点的高度，过山车的速度、加速度，对曲线进行优化。

过山车轨道是平行的两条曲线，其中一条曲线设计出来后，平移一个轨距即 1.2m 即得另一轨迹。

单环滑车主要由五部分组成：

（1）斜坡 1，原子滑车从初始位置到站台的部分。

（2）站台，乘客上下车的平台，也是原子滑车获得制动力之处。

（3）斜坡 2，原子滑车从站台滑向圆环底部的部分。

（4）竖直立环，原子滑车轨道设计中最重要的部分。

（5）斜坡 3，原子滑车在此返回实现一次双行程运行。

轨道是两根直径为 140mm 的钢管，支撑管是一根直径为 351mm 的钢管。立环部分由弧形梁和弧形梁柱支撑，其他部分由轨枕和支架支撑。鉴于制造、装配、受力等因素考虑，此轨道立环部分由 7 段弧形轨道组成，分别由 5 段弧形梁和弧形梁柱支撑。其他部分分成 28 段，由于受力和结构的要求，整个轨道有 3 种轻轨枕和 4 种重轨枕支撑。

竖直立环部分，包括 4 种弧形轨、3 种弧形梁和 1 种弧形梁柱。竖直立环的设计主要考虑以下两个因素。

（1）经过摩擦损耗后小车应具有足够大的速度保证能安全通过至高点，且不能有过大的速度和加速度以免乘客受到伤害，计算圆环最高点的高度，计算后得到 17.943m；

（2）根据国际标准，立环底部交错部位的距离不应小于 1.5m，由此设计竖直环在主视图上是由不同半径的圆弧构成，主视图展开图应是一圆弧，半径取为 375698mm。

竖直圆环部分空间曲线主视图由 7 段圆弧组成，主视图展开为一个半径为 375698mm 的圆弧。如图 2-40 所示为其弧形轨空间曲线，主视图呈一段半径为 25535mm 的圆弧，主视图展开为半径 375698mm 的圆弧，由 8 个重轨枕（3）和 5 个重轨枕（4）支撑。设计时尽量采用接近抛物线的形状会使性能更好一些。此处小车速度较快，圆弧轨道曲率半径较大，轨道会承受离心力的作用，还会增大摩擦损耗，降低小车的速度，采用接近抛物线的形状可以使小车近似做平抛运动，还可以给乘客失重的体验。

轨道的底座用来支撑弧形轨的弧形梁的一部分，用法兰、螺栓、螺母与轨道的支撑管相连接。其中心线也是一空间曲线。如图 2-41 所示。

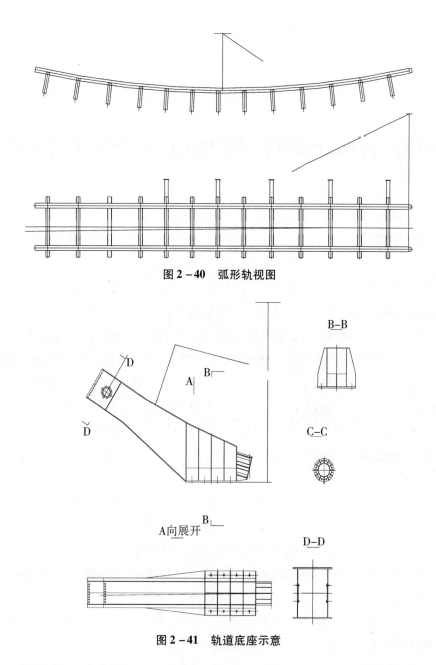

图 2-40　弧形轨视图

图 2-41　轨道底座示意

　　本章对特种机电设备原子滑车发展、现状及其分类进行阐述，分析原子滑车的组成结构及其设计过程，着重介绍原子滑车轨道设计的关键技术和参数化设计方法，并介绍了某原子滑车的设计实例。

3 基于有限元的特种机电设备安全性分析

3.1 概　述

特种机电产品系指客户需求复杂、产品组成复杂、产品技术复杂、制造过程复杂、项目管理复杂的产品。现代特种的机电设备已经渗透到人类生产和生活领域的各个方面，在工业、农业、交通运输业、科研、国防以及人们的日常生产和生活中广泛使用。例如，工业生产中使用的发电机、纺织机、各种机床等，技术越来越先进，功能越来越强大。这类机电设备结构复杂、制造困难、成本高，所以，其性能分析在系统的性能评估中至关重要。传统的设计方法中，大部分阶段是手工完成，在设计精度、设计效率及经济性方面存在较多缺点，例如，所需人力、物力和财力较大，设计周期长，各设计阶段之间数据传递过程复杂且不准确，设计精度不能保证，若在后续设计中发现重大缺陷必须修改原设计，带来巨大浪费。

典型的特种机电设备原子滑车，速度快、轨道形状复杂。原子滑车的安全性能直接与人民的生命财产相联系。我国的特种设备安全条例已于 2003 年 6 月实施。原子滑车的安全性要求也越来越高。有限元分析法作为现代设计的重要手段，可提供静力学和动力学分析（模态分析、瞬态动力分析、随机振动等）等功能，计算结果以直观彩色渲染图形表示，具有计算精确、成本低的特点，可为设计人员全面评价结构强度和改进设计提供有力工具。

在原子滑车的设计过程中，有必要对其结构进行有限元分析以确保安全性，提高设计效率，缩短设计周期。

3.1.1 特种机电设备的安全性要求

当今人们对在工作中的人身安全和财产安全要求不断提高，尤其是对人身安全要求，和从前相比不可同日而语。随着特种的机电设备不断更新、载荷条件的不断复杂化，采用传统的设计方法，研发周期长，往往从偏于安全的角度考虑，虽然能满足使用要求，但往往是造成体积、重量均较大，成本较高，很难预先判断易发生疲劳破坏的危险区域，且不一定能保证有较长的使用寿命。如何从源头上保证工作的稳定性及安全性、降低设备的安全事故是设计者们值得深思的问题。

3.1.2 基于有限元的安全性分析

有限元分析（Finite Element Analysis，FEA）的基本概念是用较简单的问题代替复杂问题然后再求解。它将求解域看成是出许多称为有限元的小的互连子域组成，对每个单元假定一个合适的近似解，然后推导求解这个域满足的总的条件（如结构的平衡条件），从而得到问题的解。因为实际问题被较简单的问题所代替，所以这个解是近似解。由于大多数实际问题难以得到准确解，而有限元分析不仅计算精度高，而且能适应各种复杂形状，因而成为行之有效的工程分析手段。

有限元法是最重要的工程分析技术之一。它广泛应用于弹性力学、断裂力学、流体力学、热传导等领域，随着计算机技术的发展，有限元法在各个工程领域中不断得到深入应用，现已遍及宇航工业、核工业、机电、化工、建筑、海洋等工业，是机械产品动、静、热特性分析的重要手段。

3.1.2.1 有限元分析基本原理

有限元分析的基本步骤归纳为三大步骤：结构离散、单元分析和整体分析，分别介绍如下。

1. 结构离散

结构离散是进行有限元分析的第一步。所谓结构离散，就是用假想的线或面将连续物体分割成由有限个单元组成的集合体，且单元之间仅在节点处连续，单元之间的作用仅由节点传递。图 3 - 1 所示为平面连续体被离散为三角形单元的集合。

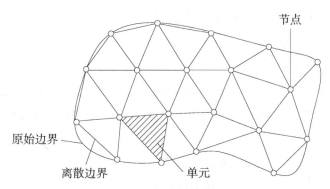

图 3 - 1　连续体的离散

单元和节点是有限元法中两个重要的概念。单元是指物体（或求解域）被离散而形成的形状简单的物体（或子域），常用的一些单元都是一些简单形状，如一维的线单元，二维的三角形单元、矩形单元、四边形单元，三维的四面体单元、五面体单元、六面体单元等。节点是依附于单元之上用于描述单元特性的几何点，同时起到连接单元的作用，且这种连接可以是铰连接、固定连接或其他形式的连接，不同的连接具有不同的自由度。有节点才能将连续体看成是仅在节点处相互连接的多个单元组成的离散结构。

2. 单元分析

单元分析包括两方面的内容。

（1）选择位移函数。

连续体被离散成单元后，每个单元上的物理量（如位移、应变等）的变化规律，可以用较简单的函数来近似表达。这种用于描述单元内位移的简单函数，就称为位移函数。

通常位移函数记为矩阵形式：

$$f = Nd^e \qquad (3-1)$$

式中：f——单元内任一点的位移向量；

d^e——单元的节点位移向量；

N——单元形函数矩阵。

（2）单元特性分析。

单元特性分析的基本任务就是建立单元的平衡方程，也称为刚度方程。选择单元类型和相应的位移函数后，即可按弹性力学的几何方程、物理方程导出单元应变与应力的表达式，最后利用虚位移原理或最小势能原理建立单元的平衡方程，即单元节点力与节点位移间的关系。具体过程如下。

根据所选的位移函数，利用弹性力学几何方程、物理方程和式（3-1）导出表示单元应力 σ 关系式：

$$\sigma = DBd^e = Sd^e \qquad (3-2)$$

式中：D——与材料有关的弹性矩阵；

B——单元应变矩阵；

S——单元应力矩阵。

利用虚功方程建立单元上节点载荷和节点位移之间的关系式，假设单元发生虚位移，单元节点力所做的虚功等于单元的虚应变能，单元的刚度方程如下：

$$F^e = K^e d^e \qquad (3-3)$$

式中：F^e——单元上的节点力向量；

K^e——单元刚度矩阵，其表达式为：

$$K^e = \int_V B^{\mathrm{T}} DB\mathrm{d}V \qquad (3-4)$$

3. 整体分析

整体分析的基本任务包括建立整体平衡方程，形成整体刚度矩阵和节点载荷向量，完成整体方程求解。

（1）整体方程建立。整体平衡方程的建立有多种方法，可以基于能量原理（势能变分或虚位移原理）推导，也可基于节点力平衡条件利用单元刚度矩阵直接集成得到。

利用节点平衡法为：整体结构离散后的每个节点处的力保持平衡。

如果离散结构有 N 个节点，则可得到一组以节点位移为未知量的代数方程组：

$$Kd = R \qquad\qquad (3-5)$$

式（3-5）是整体平衡方程，其中 K 为整体刚度矩阵，d，R 分别为整体节点位移向量和整体节点载荷向量。即：

$$d = \begin{bmatrix} d_1 d_2 \cdots d_N \end{bmatrix}^{\mathrm{T}}$$
$$R = \begin{bmatrix} R_1 R_2 \cdots R_N \end{bmatrix}^{\mathrm{T}} \qquad\qquad (3-6)$$

（2）方程求解。在整体平衡方程中引入必要边界约束条件，整体方程才能求解。方程求解包括边界条件引入和数值计算，一旦利用适当的数值方法求出未知的节点位移，则可按前述的应力应变公式计算出各个单元的应变、应力等物理量。

3.1.2.2　有限元分析软件 ANSYS

国际上著名的通用有限元软件有几十种，常用的有 ANSYS、NASTRAN、SAP、ADINA 等。

作为大型通用的有限元软件，ANSYS 在有限元分析前后处理方面和有限求解和计算功能都十分强大。为应用 ANSYS 开展研究工作，将对该软件进行简要的介绍。

ANSYS 有限元软件包是一个多用途的有限元法计算机设计程序，可以用来求解结构、流体、电力、电磁场及碰撞等问题。因此它可应用于以下工业领域：航空航天、汽车工业、生物医学、桥梁、建筑、电子产品、重型机械、微机电系统、运动器械等。

软件主要包括三个部分：前处理模块、分析计算模块和后处理模块。

1. 前处理模块

前处理模块提供一个强大的实体建模及网格划分工具，用户可以方便地构造有限元模型。ANSYS 的前处理模块主要有两部分内容：实体建模和网格划分。

（1）实体建模。ANSYS 程序提供两种实体建模方法：自顶向下与自底向上。自顶向下进行实体建模时，用户定义一个模型的最高级图元，如球、棱柱，称为基元，程序则自动定义相关的面、线及关键点。用户利用这些高级图元直接构造几何模型，如二维的圆和矩形以及三维的块、球、锥等。无论使用自顶向下还是自底向上方法建模，用户均能使用布尔运算来组合数据集，从而"雕塑出"一个实体模型。ANSYS 程序提供完整的布尔运算，诸如相加、相减、相交、分割、黏结和重叠。在创建复杂实体模型时，对线、面、体、基元素的布尔操作能减少相当可观的建模工作量。自底向上进行实体建模时，用户从最低级的图元向上构造模型，即：用户首先定义关键点，然后依次是相关的线、面、体。

（2）网格划分。ANSYS 程序可以便捷、高质量的对 CAD 模型进行网格划分，包括两种网格划分方法：映像划分和自由划分。映像网格划分允许用户将几何模型分解成简单的几部分，然后选择合适的单元属性和网格控制，生成映像网格。ANSYS 程序的自由网格划分器功能是十分强大的，可对复杂模型直接划分，避免用户对各个部分分别划分然后进行组装时各部分网格不匹配带来的麻烦。

2. 分析计算模块

分析计算模块包括结构分析（可进行线性分析、非线性分析和高度非线性分析）、流体动力学分析、电磁场分析、声场分析、压电分析以及多物理场的耦合分析，可模拟多种物理介质的相互作用，具有灵敏度分析及优化分析能力。

3. 后处理模块

后处理模块可将计算结果以彩色等值线显示、梯度显示、矢量显示、粒子流迹显示、立体切片显示、透明及半透明显示（可看到结构内部）等图形方式显示出来，也可将计算结果以图表、曲线形式显示或输出。软件提供 100 种以上的单元类型，用来模拟工程中的各种结构和材料。该软件有多种不同版本，可以运行在从个人机到大型机的多种计算机设备上，如 PC、SGI、HP、SUN、DEC、IBM、CRAY 等。

ANSYS 软件具有如下分析功能。

（1）结构静力分析。用来求解外载荷引起的位移、应力和力。静力分析很适合求解惯性和阻尼对结构的影响并不显著的问题。ANSYS 程序中的静力分析不仅可以进行线性分析，而且也可以进行非线性分析，如塑性、蠕变、膨胀、大变形、大应变及接触分析。

（2）结构动力学分析。结构动力学分析用来求解随时间变化的载荷对结构或部件的影响。与静力分析不同，动力分析要考虑随时间变化的力载荷以及它对阻尼和惯性的影响。ANSYS 可进行的结构动力学分析类型包括：瞬态动力学分析、模态分析、谐波响应分析及随机振动响应分析。

（3）结构非线性分析。结构非线性导致结构或部件的响应随外载荷不成比例变化。ANSYS 程序可求解静态和瞬态非线性问题，包括材料非线性、几何非线性和单元非线性三种。

（4）动力学分析。ANSYS 程序可以分析大型三维柔体运动。当运动的积累影响起主要作用时，可使用这些功能分析复杂结构在空间中的运动特性，并确定结构中由此产生的应力、应变和变形。

（5）热分析。程序可处理热传递的三种基本类型：传导、对流和辐射。热传递的三种类型均可进行稳态和瞬态、线性和非线性分析。热分析还具有可以模拟材料固化和熔解过程的相变分析能力，以及模拟热与结构应力之间的热—结构耦合分析能力。

（6）电磁场分析。主要用于电磁场问题的分析，如电感、电容、磁通量密度、涡流、电场分布、磁力线分布、力、运动效应、电路和能量损失等。还可用于螺线管、调节器、发电机、变换器、磁体、加速器、电解槽及无损检测装置等的设计和分析领域。

（7）流体动力学分析。ANSYS 流体单元能进行流体动力学分析，分析类型可以为瞬态或稳态。分析结果可以是每个节点的压力和通过每个单元的流率，并且可以利用后处理功能产生压力、流率和温度分布的图形显示。另外，还可以使用三维表面效应单元和热—流管单元模拟结构的流体绕流并包括对流换热效应。

（8）声场分析。程序的声学功能用来研究在含有流体的介质中声波的传播，或分析浸在流体中的固体结构的动态特性。这些功能可用来确定音响话筒的频率响应，研究音乐大厅的声场强度分布，或预测水对振动船体的阻尼效应。

3.1.3　典型特种机电设备原子滑车安全性能分析

原子滑车是由金属结构、自动控制系统、安全保护系统组成的特种机电设备。原子滑车安装在露天环境中，供游客使用，其运动中速度快、惯性大，在使用过程中持续运作，每天都会磨损、老化，在给人们提供精神和身体上享受的同时，也存在一定的风险。原子滑车设计、制造的关键是在高速、高刺激的情况下保证高度安全。原子滑车的设计关系到其安全使用，设计不合理往往导致控制系统紊乱、结构失稳等，在使用过程中会出现设备失控、金属结构变形的现象，从而造成人员伤亡。因此，必须在设计阶段加强对设备的计算分析能力，保证各零部件上的静、动载荷必须在其结构强度范围内，从源头提高产品安全可靠性。

对原子滑车进行结构静力有限元分析的目的是验证结构最大应力是否满足相关国家标准的要求。《GB 8408—2008 游乐设施安全规范》对原子滑车应力计算的要求有两点。

（1）原子滑车静止状态时应能够承受非工作状态风载，使其结构不产生永久变形；

（2）通过对原子滑车结构进行工作状态满载应力计算，使其安全系数满足标准要求。

对原子滑车的动力学分析的目的是寻求结构的固有频率和主振型，从而了解结构的振动特性，以便更好地利用或减小振动；分析结构的动力响应特性，计算结构振动时的动力响应和位移的大小及其变化规律。

利用有限元分析软件 ANSYS 对原子滑车的立环、轨道、底架、桥壳等局部结构在满载工作状态下进行静力学分析和动力学分析。

3.1.3.1 轨道及其滑车结构的静力学分析

滑车从站台上发车，经过提升机提升到一定高度，在重力的作用下，沿轨道滑行，滑车在滑行的过程中受到自身重力和轨道的支撑力、摩擦力作用。由于速度高，离心力大，所以其动载也较大，这些力在整个滑行过程中不断地发生变化。原子滑车车体受轨道限制，在轨道的法线方向上，车体与轨道无任何相对运动。车体沿轨道轨迹运动。轨道与车体的关系如图3-2所示。

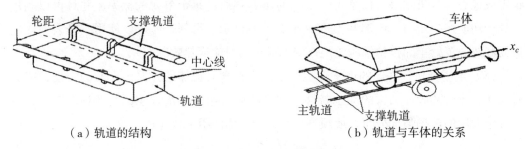

（a）轨道的结构　　　　　　　　　（b）轨道与车体的关系

图3-2　轨道与车体的关系

原子滑车及其轨道在运行过程中应该具有足够的强度和刚度。如果刚度不足会引起轨道、厢体、轮桥和车架等处变形较大，进而导致车轮卡死、厢体变形过大影响乘客安全等。车身刚度小，还会引起轿车车身振动频率低、易发生结构共振。

强度是否能够达到要求，对整个滑车的安全起着至关重要的影响。若不能满足设计要求和预计强度要求，发生过大变形，影响使用寿命或达不到安全滑行要求，将对乘客造成危及生命的伤害。

3.1.3.2 轨道及其滑车结构的动力学分析

静力分析也许能确保一个结构可以承受稳定载荷的条件，但这些还远远不够，尤其在载荷随时变化时更是如此。原子滑车运行时，受到周边的振动、风和地震等载荷的作用，仅仅进行静力学分析不能满足结构安全性的要求。因此，对原子滑车主要结构部件进动力学特性分析势在必行。

模态分析主要用于确定设计中的结构或机器部件的振动特性（固有频率和振型），对原子滑车进行模态分析，分析出变形位移多出现的部位，摆动和振动幅度最大的部位，发现结构中的薄弱环节。

谐响应分析用于分析持续的周期载荷在结构系统中产生的持续的周期响应，以及确定线性结构承受随时间按正弦（简谐）规律变化的载荷，其稳定响应的一种技术。分析的目的是计算出结构在几种频率下的响应，分析出可能产生共振的频率。

3.1.3.3 轨道及其滑车结构的优化设计分析

机械优化设计是综合性和实用性都很强的理论和技术，使设计者由被动地分析、校核进入主动设计，能节约原材料，降低成本，缩短设计周期，提高设计效率和水平，提高企业竞争力、经济效益与社会效益。

对于原子滑车轨道及滑车的主要零部件，根据 CAE 的分析结果，对原有的结构或部位进行优化分析。优化设计的思想是先选择设计变量、确定目标函数、列出约束条件，构建优化模型，然后选择合适的优化方法进行优化求解。根据优化结果，修正模型，然后再进行分析验证模型的正确性。

3.1.3.4 原子滑车结构安全性能分析流程

原子滑车结构性能分析的流程如图 3 –3 所示，首先根据原子滑车的设计原则和技术要求对轨道和滑车进行初步设计，建立三维参数化模型、进行有限元分析。如果分析结果满足结构静力学和动力学要求，则进行下一步的虚拟样机分析，否则将对原结构进行优化设计，并对优化后的结构重新进行有限元分析，直到满足设计要求为止。

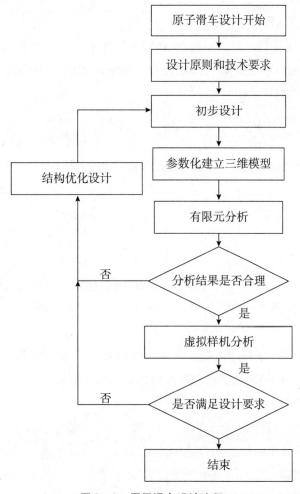

图 3 –3 原子滑车设计流程

3.2 基于有限元的特种机电设备原子滑车轨道的安全性分析

原子滑车的轨道形状决定原子滑车的运动轨迹、运行的速度和加速度。单环往返式原子滑车的最大高度 34.153m，轨道总长度 276m，最大运行速度 70km/h，整个轨道由直线、圆弧和空间曲线组成，其中包括一个竖直环。轨道由两根直径为 140mm 的钢管组成，轨距为 1.2m，支撑管是一根直径为 351mm 的钢管，圆环部分由弧形梁柱支撑，其他部分由轨枕和支撑架支撑。

3.2.1 轨道的静力分析

3.2.1.1 建模方案的确定

ANSYS 程序为用户提供 3 种建模方法。

1. 直接生成方法建模

利用直接生成法进行建模，是指在 ANSYS 程序中直接建立节点和单元，不需要进行网格划分，这种建模方法适合于小型模型、简单模型及规则模型。

2. 在 ANSYS 中创建实体模型

实体建模是先创建由关键点、线、面和体构成的几何模型，然后利用 ANSYS 的网格划分功能对其进行网格划分，自动生成所有的节点和单元。ANSYS 提供自底向上和自顶向下的两种几何建模方法。自底向上是指按从低级图元到高级图元的（线、面、体等），完成实体建模的过程；自顶向下建模是指由 ANSYS 提供的常见的几何形状（如球体、圆柱体、长方体、四边形等），采用搭积木的方式，通过布尔运算完成建模的过程。

3. 几何模型导入法

利用 AUTOCAD、Pro/E、Solidworks 等软件进行建模，然后将文件保存为 SAT、IG-ES、Parasolid 等文件格式，并将其导入 ANSYS 中，便于用户采用熟悉的软件建立几何模型。

原子滑车的轨道部分的特点是体积大，结构复杂，选择在 Pro/E 中建模，保存为 IGES 格式后导入到 ANSYS 中进行有限元分析。

3.2.1.2 几何模型的简化

原子滑车的立柱、轨道共同构成原子滑车的主体结构，并且是一个复杂的空间管桁架结构。原子滑车的轨道由左右轨道管、支撑管以及轨枕组成，三条管道通过轨枕组合成一个整体，如图 3-4 所示。在轨道模型中，只有支撑管连接轨道下方的立柱，相当于房屋中的房梁。而立柱就相当于房屋中的顶梁柱，这些立柱共同构成一个稳定的"支架系统",依靠这些立柱,原子滑车才能够稳定的运行在轨道上。

由于一些非主要的承载元件对骨架结构的变形和应力分布影响很小,而对问题的求解规模和准确性有着很大的影响。因此,没有必要完全按照轨道的实际结构来构建其有限元模型,而是根据各个分析的侧重点有针对性地对模型进行一些简化。对原子滑车采取如下几点简化措施。

(1)构件表面光顺化。构件表面上的孔、台肩、凹部和翻边等尽量酌情予以圆整光滑。如图 3-4 所示的支撑管是由一段一段弯曲的钢管通过法兰连接或直接焊接而成,在建模过程中忽略连接接头,按照光滑的轨道进行建模。

(2)将距离很近但不重合的两个交叉点简化为一个节点来处理。同理,将距离较近且作用基本相同的构件合为一个构件处理。

(3)载荷分配。载荷的分配直接影响计算结果,应对厢体、乘客等质量作合理的分配,使之作用在适当的位置。

图 3-4　原子滑车的轨道
1—支撑管；2—轨道；3—枕轨

3.2.1.3　单元类型的选取

在划分网格之前,通常需要指定分析对象的特征,即定义单元类型,主要包括单元类型及单元类型属性定义、实常数定义和材料属性定义。

1. 单元类型

单元类型(Element Type)为构成机械结构系统所含的单元种类。ANSYS 程序提供

200 余种单元以用于工程分析，使用的单元有以下几类。

（1）杆单元：用于弹簧、螺杆及桁架等模型；

（2）梁单元：用于螺栓、管件、型材及钢架等模型；

（3）面单元：用于各种二维模型或可简化为二维的模型；

（4）壳单元：用于薄板或曲面模型；

（5）管单元：用于管道模型；

（6）实体单元：用于各种三维实体模型。

原子滑车的轨道、轨道支承管、支架、立柱、拱架、拉杆等是由钢管制成，这些零件可选 ANSYS 的管单元 PIPE16。PIPE16 是三维弹性直管单元，它用于分析拉压、扭转和弯曲的单轴向单元。这种单元在两个节点上有六个自由度：沿 X，Y，Z 方向上的移动和沿三个坐标轴的转动。

构造轨枕的空心方型钢、支架的工字型梁、空心方型支座选用梁单元 BEAM188，BEAM188 是个三维线性有限应变梁单元，适合分析细长的和适当短而粗的梁结构。它在每个节点有 6 个或 7 个自由度，自由度的数目取决于关键点的值。当 KEYOPT（1）=0 时，这种单元在两个节点上有 6 个自由度：节点上沿 X，Y，Z 方向上的移动和沿三个坐标轴的转动。当 KEYOPT（1）=1 时，还包括翘曲度。这种单元很适合于线性，旋转和非线性拉伸。BEAM188 包括缺省受压刚度。这种假设受压刚度使这种单元能够分析弯曲、横向、扭曲的稳定性问题。BEAM188 单元具有可视性，可显示构件的真实外形。

轨枕的连接板采用壳单元 SHELL63。SHELL63 具有弯曲及薄膜特性。与平面同方向及法线方向的负载皆可承受。单元具有 X，Y，Z 位移方向及 X，Y，Z 旋转方向的 6 个自由度。应力强化及大变形的效应也适用于该单元。可选择连续性相切矩阵，用于大变形。

2. 定义单元实常数

单元实常数通常包括杆、梁单元的横截面积，板、壳单元的厚度，惯性矩等。

对于每一种材料建立起参数与所对应的材料的类型和属性的列表，使其在网格划分时能够辨别出材料与类型、属性的对应关系。

3. 定义材料属性

材料属性是与几何模型无关的属性，例如，杨式模量、密度等。虽然材料属性并不与单元类型联系在一起，但由于计算单元矩阵时需要材料属性，ANSYS 为用户使用方便，还对每种单元类型列出相应的材料类型，根据不同的应用，材料属性可以是线性或非线性的。与单元类型及实常数类似，一个分析可以定多种材料，每种材料设定一个材料编号。轨道的杨式模量为 2.06E +11，泊松比为 0.3。

3.2.1.4　网格划分

对于原子滑车的轨道，由于模型庞大不易进行过细的划分，否则将导致运算量过大并且精度并不能提高多少，采用自由网格划分，设置 Global element size 为 100，划分后的立环如图 3 - 5 所示。轨枕以及所对应的副轨在原子滑车运动中起主要支撑作用，其受力较大，因而划分网格时较细。

图 3 - 5　原子滑车轨道立环部分网格划分

3.2.1.5　施加载荷与求解

在建立有限元模型之后，就可以根据结构在工程实际中的应用情况为其制定位移边界条件和载荷，并选择适当的求解器进行求解。在 ANSYS 中，载荷包括边界条件和外部作用力，即位移边界条件和力边界条件。

1. 滑车轨道力的边界条件

从安全考虑，滑车每个车体受轨道限制，在轨道的法线方向上，车体与轨道上不会有任何相对运动。图 3 - 6 是轨道曲线的部分展开和几个典型位置的示意图。参数如表 3 - 1 所示。

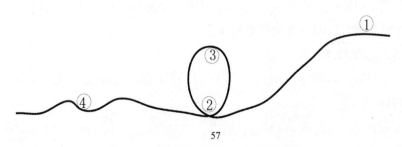

57

图 3 - 6　轨道的展开及几个典型位置

表 3 – 1   轨道几个典型位置的参数

位置	离地高度 （H/m）	曲率半径 （ρ/m）	从前一点到此点的 轨道长（L/m）
点①	24（H_1）	—	—
点②	1（H_2）	16.843（ρ_1）	88.358（L_1）
点③	15.876（H_3）	4.572（ρ_2）	26.129（L_2）
点④	2.736（H_4）	14.472（ρ_3）	89.493（L_3）

（1）滑车的运动分析。

滑车总量设为 $m = 6000\text{kg}$，重力加速度为 $g = 9.8\text{m/s}^2$，理论上，采用机械能守恒定律来计算速度。但在实际中，存在严重的摩擦能量损失，通过设定每米轨道上的损失为 μ。先来计算总的能量损失 W_t。

①总能量损失 W_t 的计算。

由能量守恒定律知：总的机械能 $= W_t + E_t$ （3 – 7）

式中：E_t——机械能（势能加动能）

以 1 点为起始点，到达车站为终点。已知小车到达车站速度是 $v = 3\text{m/s}$，站台高度为 $H = 3\text{m}$。轨道典型点的位置参数如表 3 – 1 所示。则有：

$$mgH_1 = W_t + mgH + mv^2/2 \qquad\qquad (3 – 8)$$

计算得：$W_t = 1126800$（J）

$\mu = W_t/L$（L 为原子滑车的滑行总长，除去提升机牵引段长度，$L = 450\text{m}$）

计算得：$\mu = 2504$（J）

②速度和加速度的计算。

A. 1 点位置分析。

1 点为滑车开始运动的起点，在 1 点位置时，小车在脱钩之前速度为零，处于静止状态。当脱离牵引钩后，小车在重力的作用下开始滑行，所以 1 点相当于自由落体的抛射点，此时，乘客没有感受到超重和失重。

B. 2 点的速度和加速度。

由能量守恒知：$mgH_1 = mgH_2 + W_t + m\,(V_2)^2/2$ 可以计算得：速度 $V_2 = 19.42\text{m/s}$，即 $V_2 = 69.9\text{km/h}$。

又由小车的向心加速度 $a = V^2/\rho$，所以，加速度 $a_2 = (V_2)^2/\rho_1 = 22.4\text{m/s}^2$

C. 3 点和 4 点的速度和加速度。

同理可算出 3 点的速度 $V_3 = 28.73\text{km/h}$，$a_3 = 13.93\text{m/s}^2$；4 点的速度 $V_4 =$

54.23km/h，$a_4 = 9.65\text{m/s}^2$。

（2）轨道在滑行中的受力分析。

小车在轨道中的 2 点、3 点、4 点的受力进行分析。如图 3 – 7、图 3 – 8、图 3 – 9 所示。

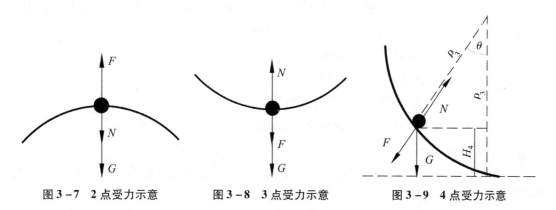

图 3 – 7　2 点受力示意　　　　图 3 – 8　3 点受力示意　　　　图 3 – 9　4 点受力示意

①2 点受力分析。

当整列小车运行到 2 点时，受力示意图如图 3 – 7 所示，设第三辆小车恰位于 2 点。取小车、座椅和人所组成整体为研究对象，此时具有最高的速度和加速度，设此时第三辆小车位于水平位置，由于轨道主要承受在法线方向上小车给它的压力，因此只考虑小车在法线方向的受力。根据力的平衡有：

$$N = G + F \tag{3 – 9}$$

其中，N 为小车在法线方向的力，F 为小车受到的离心力

又 $F = m\,(V_2)^2/\rho_1$（m 为小车和人的总重量）

计算得：$N_3 = 32203.26$（N）

此时，第二辆小车位于第三辆小车的前方，根据力的平衡有：$N = F + G \times \cos\beta$（$\beta$ 为离心力 F 与 G 的夹角，因小车的位置不同而不同）。

由于已知此点的曲率半径，两辆小车彼此之间的距离为 2.5m，因此可用 $L = R \times \beta$（β 为弧度制）弧长公式计算 β 角的大小。

$N_4 = F + G \times \cos\beta$，计算得：$N_4 = 32095.39$（N）

$N_5 = F + G \times \cos 2\beta$，计算得：$N_5 = 31774.05$（N）

$N_6 = F + G \times \cos 3\beta$，计算得：$N_6 = 31246.39$（N）

由于位置的对称性，可知：

$N_1 = N_5 = 31774.05$（N）

$N_2 = N_6 = 31246.39$（N）

②3 点的受力分析。

当小车行驶到 3 点位置时，设第三辆小车位于竖直最高的位置，则其受力情况如图 3-8 所示。根据力的平衡有：

$$F = G + N \tag{3-10}$$

所以：$N_3 = F - G = 4128.35$（N）

其余小车的位置与第三辆小车也存在一个角度 β 的问题，依照在 2 点时求其余小车受力的方法，$N_2 = F - G \times \cos\beta$ 计算得 $N_2 = 5441.3$（N）

$N_1 = F - G \times \cos 2\beta$ 计算得 $N_1 = 9028.35$（N）

$N_4 = F - G \times \cos\beta$ 计算得 $N_4 = 5441.3$（N）

$N_5 = F - G \times \cos 2\beta$ 计算得 $N_5 = 9028.35$（N）

$N_6 = F - G \times \cos 3\beta$ 计算得 $N_6 = 13928.35$（N）

③4 点的受力分析。

小车运行到 4 点时，以第三辆小车为研究对象，其受力情况如图 3-9 所示。

根据力的平衡有：

$$N = F + G \times \cos\beta \tag{3-11}$$

由图可知，$\cos\theta = (\rho_3 - H_4) / \rho_3$

所以：$N_3 = 23619.31$（N）

此时，其他小车与第三辆小车位置上差一个 β 角，β 角的求法同样可参照当小车位于 2 点和 3 点时两辆小车彼此之间的角度 β 的求法，$\beta = 9.9°$

$N_2 = F + G \times \cos(\theta + \beta)$ 计算得 $N_2 = 22515.14$（N）

$N_1 = F + G \times \cos(\theta + 2\beta)$ 计算得 $N_1 = 21207.16$（N）

$N_4 = F + G \times \cos(\theta - \beta)$ 计算得 $N_4 = 24486.81$（N）

$N_5 = F + G \times \cos(\theta - 2\beta)$ 计算得 $N_5 = 25091.78$（N）

$N_6 = F + G \times \cos(\theta - 3\beta)$ 计算得 $N_6 = 25416.22$（N）

在 ANSYS 中，通常可以对节点（node）或关键点（key point）施加载荷（force/moment），对面施加压力（pressure）。这里将整列小车简化为一个点来分析，即将整列小车看作一个在轨道运行的点，则各个小车所受的力也应简化为一个力作用在轨道的一个点上。将力平均化。

小车在 2 点时对轨道施加的力：

$N_2 = (N_1 + N_2 + N_3 + N_4 + N_5 + N_6) = 31864.76$（N）

小车在 3 点时对轨道施加的力：

$N_3 = (N_1 + N_2 + N_3 + N_4 + N_5 + N_6) = 7832.67$（N）

小车在 4 点时对轨道施加的力：

$N_4 = (N_1 + N_2 + N_3 + N_4 + N_5 + N_6) = 23722.74$（N）

在分析轨道在特殊点受力时，还应考虑轨道自身重量的影响。下面来计算各个点受力的大小。该原子滑车设备总重量为236.5t，原子滑车总重量设为 $m = 6000\text{kg}$，除去提升机等辅助设备的重量，估算出轨道重量为200t。将其平均分配到轨道的各个节点上，则得每个节点的重力 $200 \times 10^3 \times 9.8/8772 = 223.438$（N）。

又知道：2 点轨道所受压力为 $N_2 = 796.619$（N）

3 点轨道所受压力为 $N_3 = 195.82$（N）

4 点轨道所受压力为 $N_4 = 593.069$（N）

将各个点视为不同的工况，2 点为工况 1，3 点为工况 2，4 点为工况 3。所以三种工况的一个节点所受的载荷为：

工况 1——1020.057N；工况 2——419.258N；工况 3——816.507N。

2. 轨道位移边界条件

由于原子滑车轨道的支架立柱等均为钢管，立架可以看成桁架结构，杆与杆可以看成铰接，因支架及拱架焊结于基础预埋钢板上，处理成固结于地面，即三个方向的位移与转角为零，即 $U_X = U_Y = U_Z = 0$；$Rot_X = Rot_Y = Rot_Z = 0$；设置基础边界时限制 6 个自由度。

原子滑车线路很长，载荷作用位置是瞬间变化和流动的，作为连续体，整个线路和支架的刚度对承受任一处的载荷都有贡献。但是，主要影响的部位还是载荷作用的跨及相邻的一、二跨，取这样长的区间作为建模对象，而在截断处予以位移约束或设定可能的位移值，以便反映对整个连续结构的刚度影响。这里根据实际支承情况，在两端断开的轨道和支承管处予以位移约束：$U_X = U_Y = U_Z = 0$。

3.2.1.6 分析结果

边界条件和外载荷确定后，就可以对轨道进行计算求解。

工况 1：滑车被提升到最高位置，释放后经短距离转向，俯冲至最低位置（即工况 1）。根据已经计算出的此时一个节点所受外载荷为 1020.057N。在分析过程中主要分析轨道在加载后的应力大小、各个节点的位移大小。由于将钢管看作桁架结构，连接处看作铰接，其位移是各个节点的位移和，在图 3 - 10 中，最大位移发生在小车向下冲刺到最低点处，轨道的位移量最大为 2.314mm，最大等效应力为 26.033MPa。

工况 2：与工况 1 不同的是，在此处轨道曲线上凸，离心力与重力方向相反，小车轮压较工况 1 小。速度比工况 1 小，但因曲率小，离心力比工况 1 的大。轨道受载的节点载荷值为 419.258N。其位移和应力变形如图 3 - 11 所示。最大位移量为 0.082957mm，发生在顶部偏左处，此时最大等效应力为 2.164MPa。

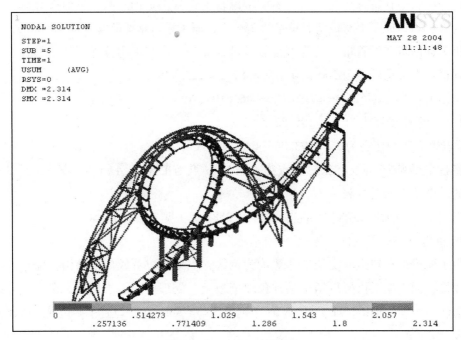

图 3-10　工况 1 的位移

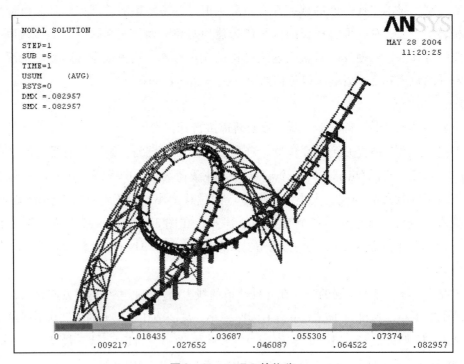

图 3-11　工况 2 的位移

工况 3：小车处于立环的右侧，此时小车具有动能和势能，应力变形如图 3 – 12 所示。此点是小车向上运动到右侧的斜坡，分析此工况是为考察原子滑车的轨道是否能够承受给定负载。最大的位移量发生在受力部位，其最大值为 0.35556mm，最大等效应力为 2.775MPa。

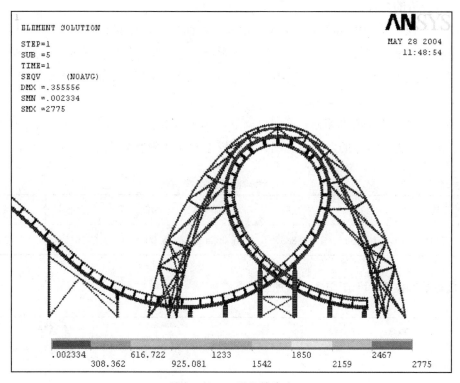

图 3 – 12　工况 3 的应力

根据有限元分析，三种工况比较，工况 1 构件应力较工况 2 和工况 3 都大，所以应该以工况 1 情况为计算安全裕量。立环的顶端位移并不是很大，所受的应力也不是很大，用一个较大的支撑架将其上部全部固定很显然增加设计和制造成本，建议将支撑架改为在立环左右两端立两个支撑管进行支撑。

3.2.2 轨道的模态分析

原子滑车设计的重点是安全，原子滑车运行时，受到周边的振动、风和地震等载荷的作用，仅仅进行静力学分析已经远远不能满足结构安全性的要求。因此，对结构进行动力学特性分析势在必行。动力学分析包含多种分析方法，根据原子滑车轨道的特点及载荷的特征将进行模态特性分析和响应特性分析。

模态分析用来确定结构或构件的振动特性，即固有频率和振型。它也属于动态力学分析、谐响应分析等的起点。在典型的模态分析中唯一有效的"载荷"是零位移载荷。如果在某个自由度约束（DOF）处指定一个非零位移载荷，程序将以零位移约束替代在该自由度约束处的设置。载荷可以加在实体模型上或有限元模型上。

模态分析的过程：

（1）建模：定义单元类型、单元实常数、截面尺寸、材料特性。其中，材料的杨氏模量和密度是必需的。

（2）定义分析类型和分析选项：选定分析类型为 Modal，设置分析的模态数目为6。

（3）施加约束条件并求解。

分析后可得到轨道的六阶模态图，六阶模态对应的固有频率如表3-2所示。

表3-2　　　　　　　　　　　　六阶固有频率

阶数	一阶	二阶	三阶	四阶	五阶	六阶
频率（Hz）	3.3438	4.8837	5.3084	6.0068	6.1015	6.1242

模态图如图3-13至图3-18所示。

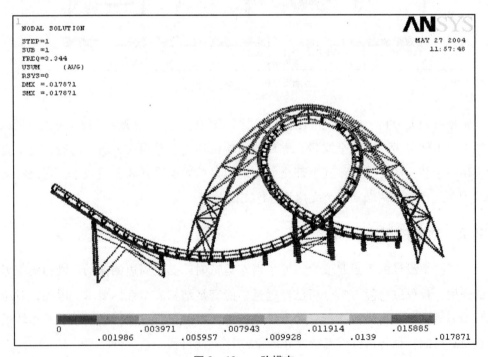

图3-13　一阶模态

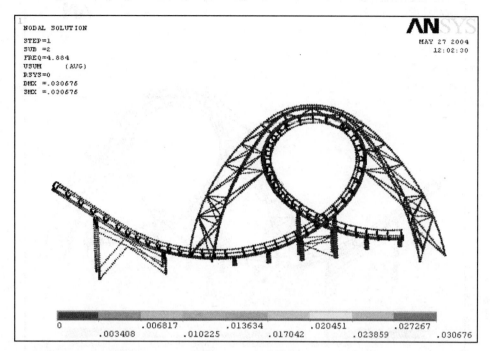

图 3 – 14   二阶模态

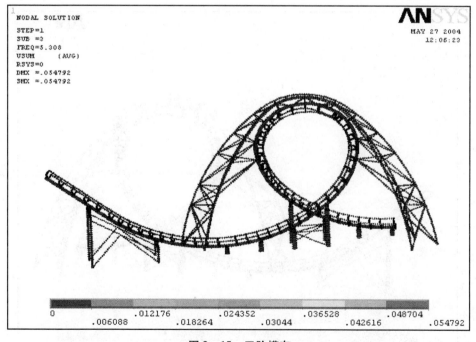

图 3 – 15   三阶模态

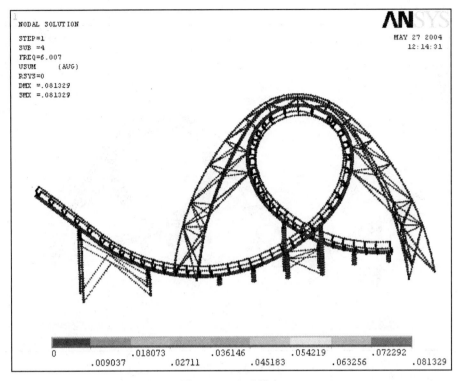

图 3 − 16　四阶模态

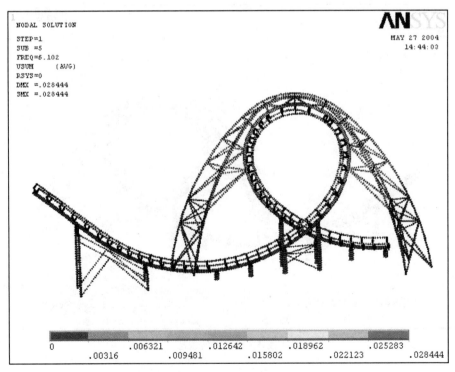

图 3 − 17　五阶模态

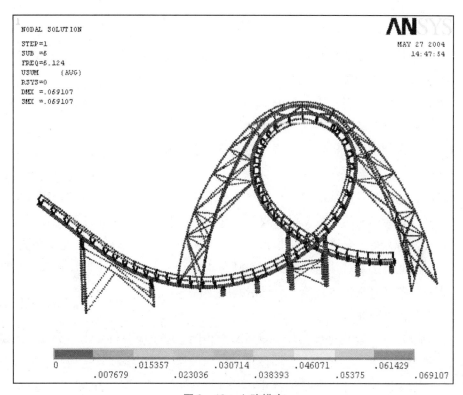

图 3 – 18　六阶模态

由上可知，一阶模态对应的固有频率为 3.3438Hz 时，工况 2 是发生形变最大位移处；二阶模态对应的固有频率为 4:8837Hz 时，工况 3 是位移形变最大处；三阶模态对应固有频率为 5.3084Hz 时，工况 2 发生最大位移形变；四阶模态对应固有频率为 6.0068Hz 时，工况 3 是位移形变最大处；五阶模态对应固有频率为 6.1015Hz 时，除工况 3 外，轨道立环顶部左右两侧形变位移也很大；六阶模态对应固有频率为 6.1214Hz 时，同样，工况 3 是位移形变最大处。

由此可见，工况 3 是易发生变形区，其次是工况 2，工况 1 也会发生变形。这些部位都是轨道的薄弱环节，可证明选择这些工况作为分析对象是正确的。

3.2.3　轨道的谐响应分析

无论是机器还是轨道，其所处环境的周围都存在很多的周期性变化的激振源。例如，齿轮的啮合、弹性轴的偏心转动、风速等。如果某些结构本身的固有频率与上述激振源的频率重合或成整数倍时，这些结构就会发生共振，以致使结构破坏或机器工作情况失常等。所谓振动稳定性是指在设计时要使结构中受激振作用的各结构的固有频率与激振源的频率错开。例如，令 f 代表结构的固有频率，f_p 代表激振源的频率，则通常应保证如下的条件：

$$0.85f > f_p \text{ 或 } 1.15f < f_p \tag{3-12}$$

如果不能满足上述条件，则可用改变结构的刚性，改变支撑位置，增加或减少辅助支撑等办法来改变 f 值。

把激振源与结构隔离，使激振的周期性改变的能量不能传递到结构上去；或者采用阻尼以减少受激振结构的振幅，都会改善结构的振动稳定性。

谐响应分析，用于分析持续的周期载荷在结构系统中产生的持续的周期响应。在谐响应分析中，峰值响应发生在力的频率和结构的固有频率相等处，因此，可由峰值处所对应的频率值，确定结构的固有频率值。设计人员还可预测结构的持续动力特性，从而验证其设计能否成功克服共振、疲劳及其他受迫振动所引起的有害效果。

由模态分析，得出轨道前六阶模态对应的固有频率，并分析出工况 3 是轨道最薄弱的环节，因此有必要对其进行深一步的研究。下面就选工况 3 处的一个编号为 772 的节点为研究对象，对其施加载荷，进行谐响应分析。

谐响应分析过程如下。

（1）创建模型。建模过程与静力分析基本相同，谐响应分析即用静力分析的模型。

（2）加载并求解。主要完成选项设置、施加载荷、设置载荷步选项并求解内容等。

①分析选项设置。分析类型选择谐响应（Harmonic）分析，求解方法选择完全法（full）。

②施加载荷。谐响应分析的载荷中包含 3 条信息：幅值、相位角、简谐载荷的频率范围。

由于原子滑车所处的环境，有风速等自然界因素的影响，因此设定正弦变化的载荷值为 100N，取频率范围为 3~7Hz。谐响应力是一个正弦变化的力，因此，力的实部保持默认值，虚部设为 100N，表示幅值为 100N 的简谐作用力，即 $F = 0i + 100j$。

③指定载荷步选项。在 Harmonic Frequency and Sub step Options 中的频率范围中输入 7Hz，子步数设为 5，过多的子步数会占用大量的计算机资源，耗费大量的分析时间。子步数太少，又会造成分析不精确。

④求解。进行谐响应求解。

（3）查看分析结果。

谐响应分析通常包括基本数据、节点位移、派生数据、节点和单元应力、应变等。可以利用 POST26 或 POST1 察看结果。通常的处理顺序是首先用 POST26 找到临界强制频率——模型中所关注的点中产生最大位移（或应力）时的频率，然后用 POST1 在这些临界强制频率处处理整个模型。

得到位移图/频率曲线如图 3-19 所示。

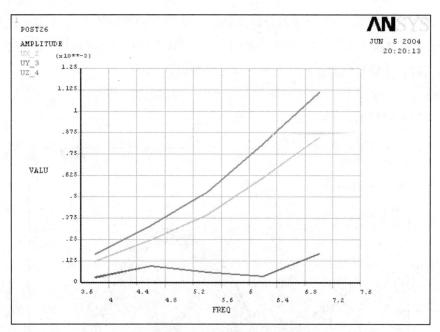

图 3 - 19 频率响应

从图中观察不出 X、Y、Z 方向的峰值，因此扩大考察频率范围，设分析频率范围是：3 ~ 10Hz。其他条件不变，得出的频响图如图 3 - 20 所示。

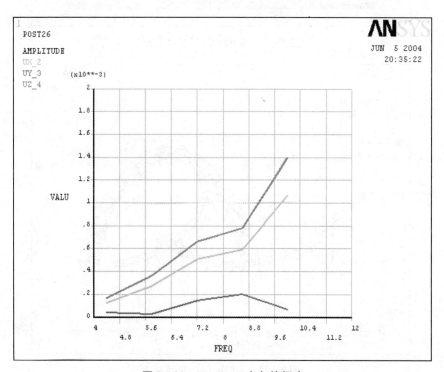

图 3 - 20 X、Y、Z 方向的频响

75

由图 3 – 20 可得，UX 和 UZ 方向的频率一直处于增加的状态，UY 方向的频率在 8.6Hz 是出现峰值。由谐响应的理论知 8.6Hz 为对轨道结构的固有频率，因此，当滑车设备运行时，应该避免激振频率为 8.6Hz 的激振力。

图 3 – 21 为整个模型在受到频率为 8.6Hz 的激振力时所发生的平均位移图。图 3 – 22 为同种情况下的等效应力图。

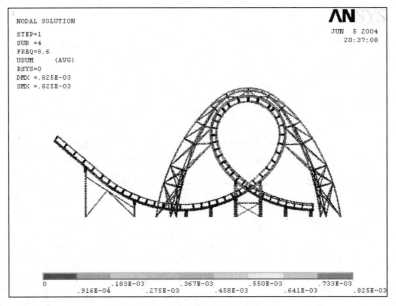

图 3 – 21　8.6Hz 时的总体变形

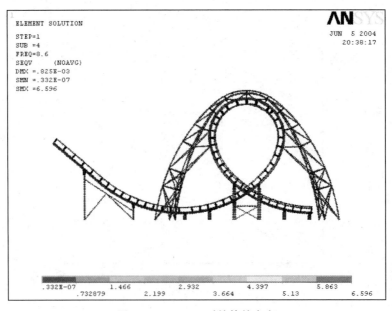

图 3 – 22　8.6Hz 时的等效应力

　　由位移图可得，刚进入轨道立环处和将要离开轨道立环处发生最大位移形变，这两处是薄弱环节。在设计轨道时应加强这两处的支撑强度，或增大钢管的横截面积，改善焊接结构和方式的方法来减少它们的变形程度，也可增加或减少辅助支撑。如果有必要的话，可采用不同材质的材料作为轨道或支柱。

　　为保证分析尽量贴近实际情况，在选择工况 3 处的另外一个节点来研究。这里选择编号为 8629 的节点，频率范围是：3～15Hz。所得的频响图如图 3－23 所示。

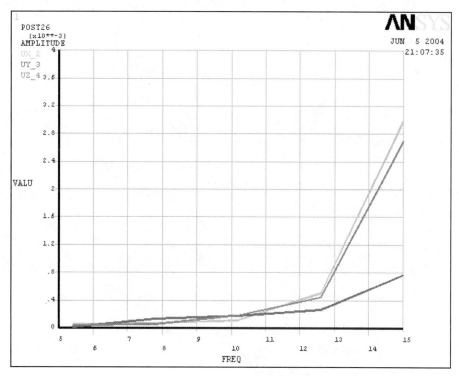

图 3－23　X、Y、Z 方向的频响

　　X、Y、Z 方向均没有出现峰值，也即在这个频率范围内，三个方向都没有出现共振。在实际使用中，在这一频率范围内，避开 8.6Hz 的激振频率即可满足轨道的使用要求。

3.3　基于有限元的原子滑车底架安全性分析

3.3.1　底架的静力分析

　　原子滑车的车体由厢体、轮架、轮桥和底架组成。原子滑车运动时，轮桥和车架是车与轨道之间的主要承载部件，如图 3－24 至图 3－26 所示。车架与整个车身连接，主要起支撑车身的作用。车身包括乘客的所有重力都施加在车架上，车架前端通过底梁与轮架连接，后端与其他车架连接。底架由 A3 钢制造。

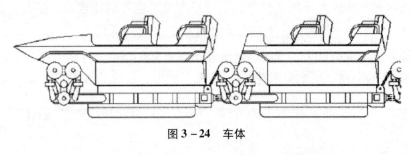

图 3 - 24　车体

图 3 - 25　底架

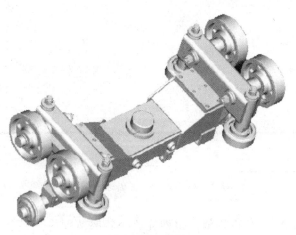

图 3 - 26　轮桥

1. 建立模型

在 Pro/E 中对底架进行建模。对方便使用和辅助承载而设置的构件（例如，扶手、支架等），由于其对整车的变形和应力分布影响较小，可忽略不计。

2. 划分网格定义材料属性

单元类型选为"Structural Solid/Tet 10node92"。划分单元数共计 9036 个。

定义材料的属性，确定弹性模量、泊松比和材料密度。设定 Size Element edge length 值为 80，对已经建立的几何实体模型进行网格划分，生成包含节点的和单元的有限元模型。

3. 施加边界条件及载荷

分析假定底架所受压力均匀地分布在车架上表面。对底架分析来说，整个车身与车架上表面完全接触。底架前端与轮架相连受到沿 X 轴 Y 轴方向的约束，底架末端与其他底架相连受到全约束。底架的受力和约束分布如图 3-27 所示。

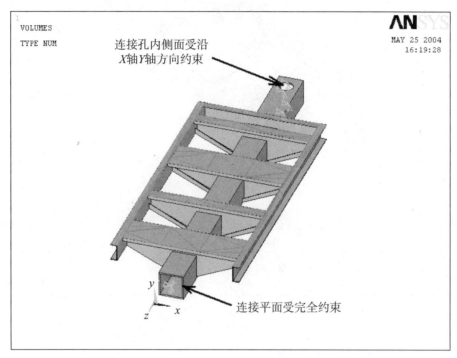

图 3-27 车架的边界条件

计算底梁上表面所受压力：

底梁上表面面积：

宽梁板：受力面积 140000mm^2；窄梁板：受力面积 = 38500.0mm^2；侧面梁板：受力面积 59200.0mm^2。

前横杠：受力面积 26600.0mm^2。

总面积为：502000mm^2。

车架上压力计算：$P = N/$总面积 $= 19529.66/0.502 = 38903.7$（Pa）

4. 查看分析结果

求解完成后，通过 POST1 后处理器数据。

车架总体的 USUM 变形如图 3-28 所示。车架的 von Mise 等效应力如图 3-29 所示。

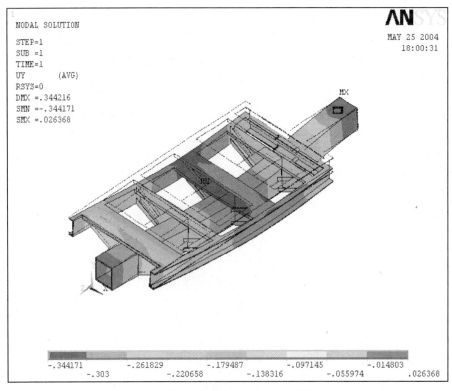

图 3 – 28　车架总体的 USUM 变形

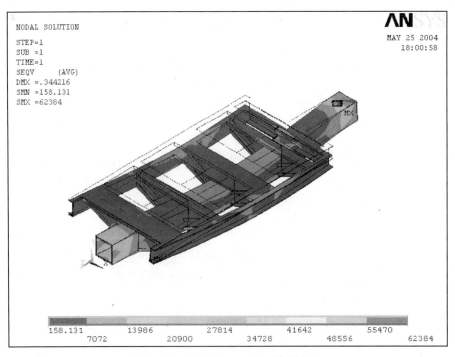

图 3 – 29　车架的 von Mise 等效应力

对底架进行静力学分析可知，底架中间梁区域变形程度最大，最大变形值在 0.305～0.344mm。其他区域变形较小，底架上无明显应力集中现象，应力分布比较平均，只是在中间梁板上出现较小的变化。von Mises 等效应力最大值为 62.384MPa 左右。

3.3.2 底架的模态分析

底架的模态分析使用前面静力学分析的模型即可，其中单元类型、材料属性等参数均不作调整。在模态分析中不需要施加应力，只要施加约束即可。

设定的模态阶数为 6 阶，查看分析结果得到 6 阶的固有频率，如表 3－3 所示。

表 3－3 　　　　　　　　　　　　固有频率

阶数	一阶	二阶	三阶	四阶	五阶	六阶
频率（Hz）	139.92	144.52	201.29	304.51	335.93	357.77

其中，一阶固有频率相应的模态振型如图 3－30 所示。

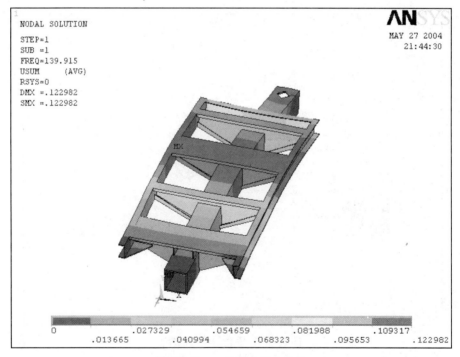

图 3－30　一阶模态相应位移

由底架的六阶模态可知，主要变形位移多出现在第二支撑板处。

3.4 基于有限元的桥壳安全性分析

3.4.1 桥壳的静力分析

1. 模型的建立

桥壳在 Pro/E 中进行建模后保存为 IGES 格式后导入在 ANSYS 中，使用布尔运算中的 add 命令，将桥壳生成一体。

2. 网格的划分

桥壳的模型较为复杂，不能将网格划分太细，设置网格划分的大小，SIZE Element edge length 为 33。进行网格划分。

3. 施加约束和载荷

桥壳由轮架的两根轴支撑，桥壳受到支撑的约束力，在下图所示孔处施加约束，左下孔设为全约束，其他四孔为 z 向受力约束，如图 3 - 31 所示。

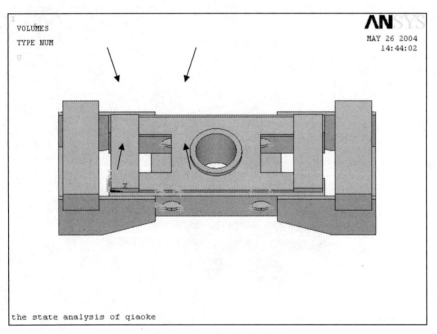

图 3 - 31　桥壳的边界约束

桥壳的中心套受车身及底梁施加的正压力，上表面受力面积为 6673mm^2，桥壳受压力 $N = 21671.6$N，$P = N/$受力面积 $= 3.25$N/mm^2 换算为 ANSYS 单位无量纲为 3250。在表面施加正向压力，结果如图 3 - 32 所示。

加载完约束和载荷后，进行求解。

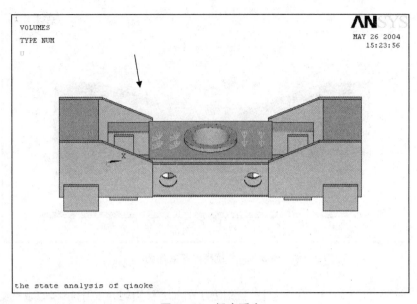

图 3 – 32 桥壳受力

4. 查看分析结果

进入 post1 查看结果。桥壳的总应变如图 3 – 33 所示。

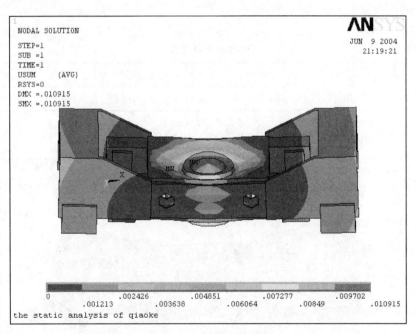

图 3 – 33 桥壳的总应变

由图 3 – 33 可知，桥壳中间区域变形程度最大，其他区域变形较小。最大变形值在 0.009 ~ 0.01mm。桥壳的等效应力如图 3 – 34 所示。

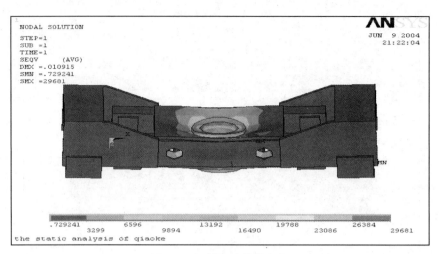

图 3 - 34 桥壳的等效应力

从图 3 - 33 和图 3 - 34 看出，桥壳的应力分布比较均匀，在中心和约束孔处稍微大点，最大值为 29.68MPa。

3.4.2 桥壳的模态分析

桥壳的固有频率如表 3 - 4 所示。

表 3 - 4   桥壳的固有频率

阶数	一阶	二阶	三阶	四阶	五阶	六阶
频率（Hz）	131.57	379.55	483.57	491.51	513.01	518.45

其中，前三节的模态图如图 3 - 35 至图 3 - 37 所示

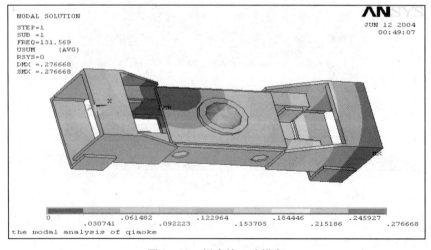

图 3 - 35 桥壳的一阶模态

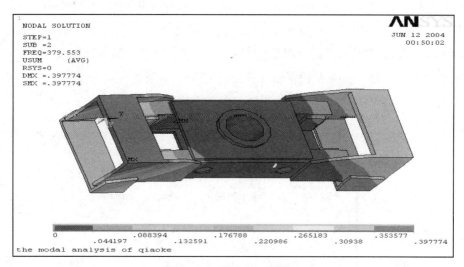

图 3 – 36 桥壳的二阶模态

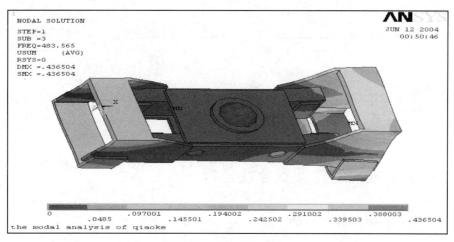

图 3 – 37 桥壳的三阶模态

由六阶模图分析可知,从频率 131.57 ~ 518.45Hz 范围内,一阶模态桥壳两端的摆动和振动幅度最大,三阶模态桥壳两端的伸缩性最大,说明两端端板部分结构位置较为松散,振动时首先引起摆动。

3.4.3 桥壳的谐响应分析

图 3 – 38 标示"X"的曲线显示的为 X 轴向激振响应曲线,响应频率在 491.51Hz。标示"Z"的曲线显示的是 Z 向,标示"Y"的曲线显示的则是 Y 向的。谐响应发生在频率 379.55Hz 和 491.51Hz 处,X 向幅值最大值为 5.9×10^{-4}。Y 向幅值最大值为 $4 \times$

10^{-4}。Z 向幅值最大值为 3.8×10^{-4}。X 向和 Y 向在频率 379.55Hz 处有较小的响应，之后曲线缓慢下降，至频率 491.51Hz 处，X、Y、Z 向都发生大幅值谐响应，Z 方向则从 $130 \sim 480$Hz 一直是缓慢上升的，但是在 491.51Hz 处，也有共振，该处就是引起共振幅值最大的固有频率处。桥壳在原子滑车运行过程中，需要避免该处频率，以免共振幅值过大引起原子滑车运行薄弱处振动幅值太大和平稳性的降低。

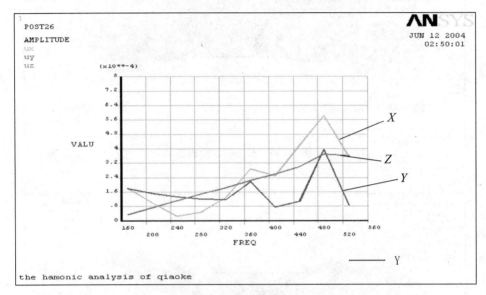

图 3-38 谐响应

3.5 基于有限元的轮架安全性分析

3.5.1 轮架的结构静力分析

轮架的结构静力分析与桥壳的静力分析相似，Pro/E 中完成建模后，导入 ANSYS 中。选取 solid92 进行网格划分，并根据实际情况施加约束。取材料弹性模量 $E = 206$GN/m²，泊松比为 0.3。

下面将对小车在轨道上 2 点的位置时，所受到的情况进行分析。

轮架的动力是由承重轮传递的，故受力面为与承重轮轴配合的 2 个孔面。由前面的计算可知，当小车处于 2 点位置时，所受的力为 22253.74N、2 个孔面加载 22253.74N 的力，进入求解器中求解出 2 点的位移变形如图 3-39 所示。

由轮架的等效位移图和应变图可知，在 2 点时产生的平均最大位移变形量为 0.020885mm。在主要受力方向 Z 方向产生的应变为 65.749MPa，较 X 和 Y 都大，平均应变 82.201MPa，当小车处于 2 点时，小车处于轨道的最低点，所受的压力最大，

86

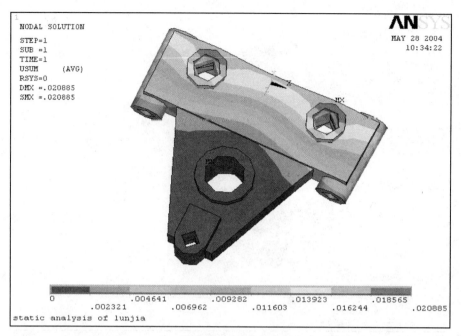

图 3 - 39　位移变形

所产生的应力变化和位移变化也应该是全程的最大值，最大应力变化量为
82.201MPa，在所选的材料的许用应力范围内，最大变形位移为 0.021mm。综合考
虑位移变形和应力变化，可以通过添加筋板的方法来增强轮架的强度，以减小位移
变形和应力变化。

3.5.2　轮架的模态分析

　　轮架的模态分析与桥壳的模态分析相似，这里不再详细的阐述，施加约束并求解。
轮架的固有频率如表 3 - 5 所示。

表 3 - 5　　　　　　　　　　　　　　轮架的固有频率

阶数	一阶	二阶	三阶	四阶	五阶	六阶
频率（Hz）	644.98	771.67	867.94	1830.0	2110.0	2522.3

　　由图 3 - 40 可知，在固有频率为 644Hz 时的位移变形量为 0.25mm。此时轮架的下
部几乎不产生变形，上部的变形也很微弱。

　　由图 3 - 41 可知，在固有频率为 717.67Hz 时的位移变形量为 0.29mm。此时的变
形区已经变为和侧导轮配合的轴套，轮架的变形幅度也比在一阶固有频率时大。

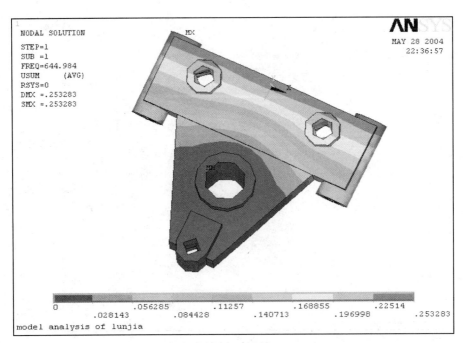

图 3 - 40　第一阶的位移变形

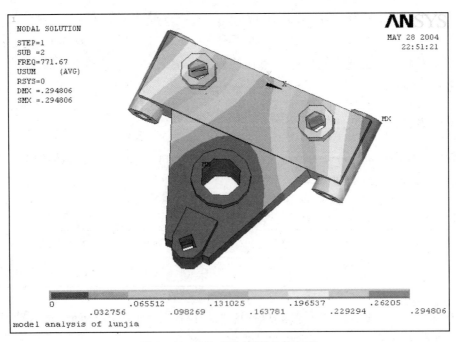

图 3 - 41　771.67Hz 时的位移变形

由图 3 - 42 的等值线可以知道，在固有频率为 867.943Hz 时的位移变形量为 0.27mm。从图上可以看出，变形幅度更大，轮架的变形近似为扭曲运动。

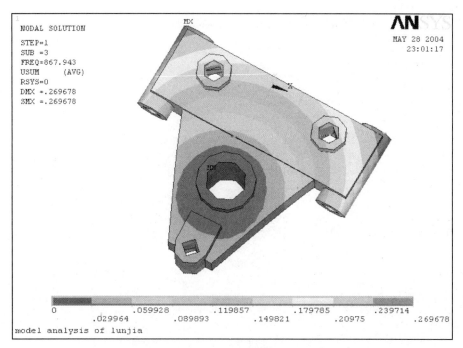

图 3 - 42 867.943Hz 时的位移变形

由图 3 - 43 的等值线可以知道，在固有频率为 1830Hz 时的位移变形量为 0.40mm。此后的变形已经变得非常复杂。

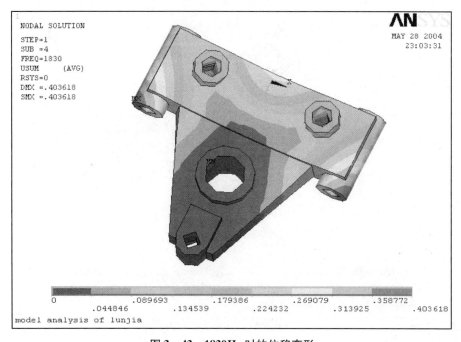

图 3 - 43 1830Hz 时的位移变形

由图 3 - 44 的等值线可以知道，在固有频率为 2110Hz 时的位移变形量为 0.28mm。

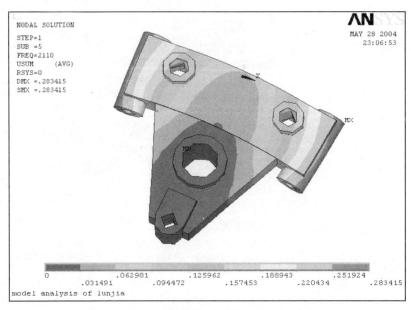

图 3 - 44　2110Hz 时的位移变形

在固有频率为 2522.3Hz 时的位移变形量为 0.59mm。如图 3 - 45 所示。此时的变形一阶成为轮架底部的晃动，变形量也已经非常大。结果综合分析：

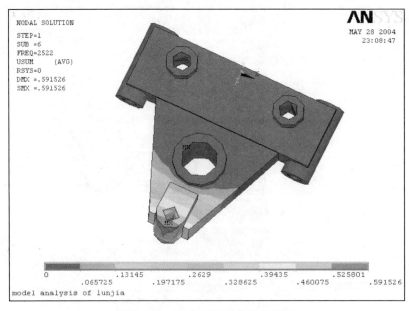

图 3 - 45　2522.3Hz 时的位移变形

当固有频率为 644.98Hz 时，轮架的振型近似为轮架顶部的晃动。

当固有频率为 771.67Hz 时，轮架的振型近似为整个上平面在 Y 轴方向上的运动。

当固有频率为 867.943Hz 时，轮架的振型已经变得复杂，近似为 Y 平面上的扭曲运动。

3.5.3　轮架的谐响应特性分析

谐响应分析时，对轮架一个节点施加激振力。节点选在静力分析时变形最大区域中的任意一点，选择 3072 号节点。在轮架主要受力方向 Z 方向施加一个实部为 100N，虚部为 0 的力。在 Y 方向施加实部为 0，虚部为 100 的力；设置分析频率范围即固有频率分布范围 644Hz 到 2522.3Hz，设置子步数为 10。频率分布范围很广，分十个子步进行，最后得到的位移/频率曲线图会不太精确。为得到比较精确的结果，将此频段分成 644 ~ 1830Hz 和 1830 ~ 2523Hz 两段。每一段再分十步进行，结果如图 3 - 46 和图 3 - 47 所示。

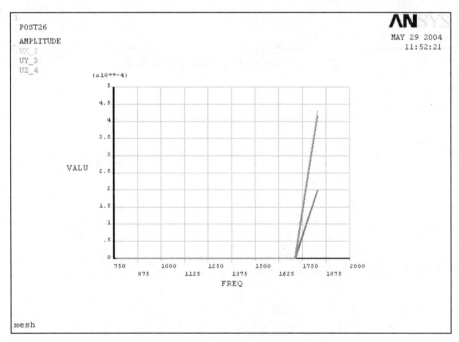

图 3 - 46　644Hz 到 1830Hz 的位移/频率

从频率/位移曲线图分析可得，在固有频率 2110Hz 左右时，轮架的位移变形量达到最大，为 1.3×10^{-6}mm，可通过加筋板的方法来提高轮架的抗变形能力。

针对复杂机电设备原子滑车的安全性进行分析，利用 ANSYS 软件对原子滑车的轨道、底架、桥壳、轮架零部件进行静力分析和动力分析，分析结构设计的薄弱环节，提出修改方案，为改进原子滑车的设计、提高原子滑车的安全性提供可靠的理论依据。

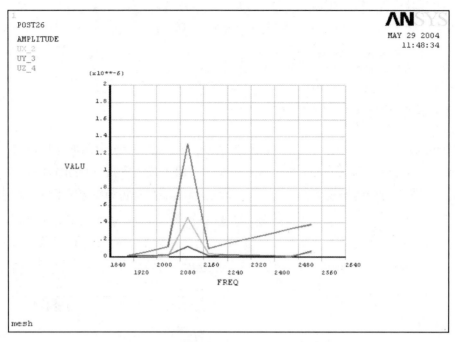

图 3 - 47　1830Hz 到 2523Hz 的位移/频率

4 基于虚拟样机的特种机电设备安全服役技术

4.1 概 述

虚拟样机技术是 20 世纪 80 年代发展起来的一项计算机辅助工程（Computer Aided Engineering，CAE）技术。该技术融合信息技术、先进制造技术和仿真技术，在计算机上建立数字化模型，模拟在现实环境下系统的运动和动力特性。根据仿真结果优化系统设计过程，为产品研发提供一个全新的设计方法，实现缩短产品研发周期、降低生产成本、改进产品质量、提高产品开发效率。

复杂产品（含机械、电子、软件、控制等子系统）虚拟样机是一个复杂的系统，它不但组成关系复杂、与外界环境的交互关系复杂、开发过程复杂，而且涉及的仿真类型多、学科领域多，应用范围广。利用虚拟样机技术建立复杂机电设备的数字化模型，进行仿真分析并以图形方式显示该系统在真实工程条件下的各种特性，通过修改并得到最优设计方案，从而提高复杂机电设备的安全性能、改善机电设备的运动特性，大大简化特种机电设备的实际开发过程。

为保障游客的人身安全，国家对原子滑车在运行过程中的速度和加速度等都有严格的规定，根据最新的国家标准，基于手工计算的原子滑车设计和性能参数校核方法已无法满足标准的要求。所以，采用机械系统动力学自动分析软件 ADAMS（Automatic Dynamic Analysis of Mechanical Systems）分析原子滑车的运动学和动力学特性。

4.1.1 基于虚拟样机的特种机电设备安全性分析

复杂产品模型既包括机械、液压、气动子系统，又有控制、电子、软件等子系统；复杂产品通常具有混合系统的特点，必须综合运用连续系统建模、离散事件系统建模和有限状态系统建模等多种建模技术，才能对复杂产品的行为进行完整、准确的描述；复杂产品的模型具有层次化特点，通常是由不同的子系统模型组成，而子系统模型又可以由不同的部件模型组成，部件模型又可以由零件模型组成。

从新产品的设计、试制到最终批量生产，需要制造多个产品样机，用来支持设计方案讨论、设计验证、提交用户试用等。传统设计与制造过程中，往往采用制造物理样机（Physical Prototype）的方法。但是物理样机特别是具有内在功能的物理样机生产周期长，成本高。

虚拟样机在产品设计过程中所起的作用和物理样机类似，即提供一个可操作的原型产品。虚拟样机在模仿产品的特性方面，要求功能上至少和物理样机等同。可仿真特性包括产品的视觉特性、用户界面功能、产品功能与行为、用户与产品的交互作用等诸多方面。

虚拟样机技术发展的目标是基于现有的产品设计信息尽可能逼真地生成产品的虚拟样机。应用虚拟样机技术，可以使产品的设计者、使用者和制造者，在产品研制的早期，在虚拟环境中，直观地对虚拟样机进行优化设计、性能测试以及制造仿真。复杂产品虚拟样机工程体系如图4-1所示。

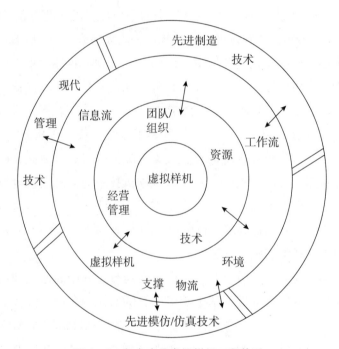

图4-1　复杂产品虚拟样机工程体系

复杂产品虚拟样机开发技术与传统产品设计技术相比，它具有如下新的特点。

（1）系统的观点：强调在系统的层次上模拟产品的外观、功能和在特定环境下的行为；

（2）设计产品全生命周期：虚拟样机可应用于产品开发的全生命周期，并随着产品生命周期的演进而不断丰富和完善；

（3）支持产品的全方位测试、分析与评估：支持不同领域人员从不同的角度对同一虚拟产品并行地进行测试、分析与评估活动。

4.1.2　多刚体系统动力学及 ADAMS 计算原理

虚拟样机技术的核心是多体系统运动学与动力学建模理论及其技术实现，多体系统包括多刚体系统、多柔体系统和刚柔耦合系统。

多刚体系统是指由多个物体通过运动副连接的复杂机械系统。多刚体系统从结构上可分为两大类：树状结构（开链型）和非树状结构（闭链型）。多刚体系统动力学的研究内容分为运动学和动力学两大部分。在运动学中，不涉及系统的受力，只研究系统的位移与各种速度物理量及加速度物理量的描述和确定关系，以及它们之间的各种关系。它不但是研究动力学的基础，而且本身也有十分重要的意义。多刚体系统动力学中首先面临的是列写描述系统受力与运动之间关系的运动微分方程，由于得到的运动微分方程不但数量多，而且含有大量的非线性，一般无法得到解析解，因此，研究建立系统的使用与计算机的动力学模型成为多体系统动力学的主要任务。目前，多体动力学已经形成比较系统的研究方法，其中主要以牛顿—欧拉方程为代表的矢量力学方法，以及拉格朗日方程为代表的分析力学方法、图论方法、凯恩方法、变分方法等。

4.1.2.1　多刚体系统动力学建模

计算多刚体系统动力学分析，关键的技术就是自动建模技术和求解器设计，自动建模就是由多刚体系统力学模型自动生成其动力学数学模型，求解器的设计则必须结合系统的建模，以特定的动力学算法多模型进行求解。

1. 多刚体动力学基本概念

（1）物理模型：也称力学模型，由物体、铰、力元和外力等要素组成并具有一定的拓扑构型的系统。

（2）数学模型：分为静力学数学模型，运动学数学模型和动力学模型，是指在相应条件下对系统物理模型（力学模型）的数学描述。

（3）拓扑构型：多刚体系统中各物体的联系方式称之为系统的拓扑构型，简称拓扑。

（4）约束：对系统中某构件的运动或构件之间的相对运动所施加的限制称为约束。

（5）约束方程：对系统中某构件的运动或构件之间的相对运动所施加的约束用广义坐标表示的代数方程形式，称为约束方程。约束方程是约束的代数等价形式，是约束的数学模型。

2. 计算多刚体系统动力学建模与求解一般过程

一个机械系统，从初步的几何模型，到动力学模型的建立，经过对模型的数值求解，最后得到分析结果，其流程如图 4-2 所示。

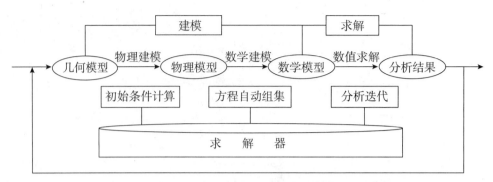

图 4 - 2   计算过刚体系统动力学建模与求解的一般过程

计算多刚体系统动力学分析的整个流程，主要包括建模和求解两个阶段。建模分为物理建模和数学建模，物理建模是指由几何模型建立物理模型，数学建模是指从物理模型生成数学模型。对系统数学模型，根据情况应用求解器中的运动学、动力学、静平衡或逆向动力学分析算法，迭代求解，得到所需的分析结果。联系设计目标，对求解结果再进行分析，从而反馈到物理建模过程，或者几何模型的选择，如此反复，直到得到最优化的设计结果。

4.1.2.2   ADAMS 计算方法原理

ADAMS 采用多刚体系统动力学理论中的拉格朗日方程方法，建立系统的动力学方程。它选取系统内每个刚体质心在惯性参考系中的三个直角坐标和确定刚体方位的三个欧拉角作为笛卡儿广义坐标，用带乘子的拉格朗日方程处理具有多余坐标的完整约束系统或非完整约束系统，导出以笛卡儿广义坐标为变量的运动学方程。并且 ADAMS 的计算程序采用吉尔（Gear）的刚性积分算法以及稀疏矩阵技术，大大提高计算效率。

1. 广义坐标的选择

研究刚体在惯性空间中的一般运动时，可以用它的连体基的原点（一般与质心重合）确定位置，用连体基相对惯性基的方向余弦矩阵确定方位。ADAMS 软件用刚体的质心笛卡儿坐标和反映刚体方位的欧拉角作为广义坐标。由于采用不独立的广义坐标，系统动力学方程虽然是最大数量，但却是高度稀疏耦合的微分代数方程，适用于稀疏矩阵的方法高效求解。

2. 动力学方程的建立

ADAMS 程序采用拉格朗日乘子法建立系统运动方程：

$$\frac{d}{dt}\left(\frac{\partial T}{\partial \dot{q}}\right)^{\mathrm{T}} - \left(\frac{\partial T}{\partial q}\right)^{\mathrm{T}} + \phi_q^{\mathrm{T}}\rho + \theta_{\dot{q}}^{\mathrm{T}}\mu = Q \qquad (4-1)$$

完整约束方程：$\phi(q, t) = 0$

非完整约束方程：$\theta(q, \dot{q}, t) = 0$

式中：T——系统动能；

q——系统广义坐标列阵；

Q——广义力列阵；

ρ——对应于完整约束的拉氏乘子列阵；

μ——对应于非完整约束的拉氏乘子列阵。

3. 动力学方程的求解

把式（4-1）写成更一般的形式：

$$F(q,u,\dot{u},\lambda,t) = 0$$
$$G(u,\dot{q}) = u - \dot{q} = 0 \qquad (4-2)$$
$$\phi(q,t) = 0$$

式中：q——广义坐标列阵；

$\dot{q}$，u——广义速度列阵；

λ——约束反力及作用力列阵；

F——系统动力学微分方程及用户定义的微分方程；

ϕ——描述约束的代数方程列阵。

在进行动力学分析时，ADAMS 采用两种算法：

（1）提供三种功能强大的变阶、变步长积分求解程序：GSTIFF 积分器、DSTIFF 积分器和 BDF 积分器来求解稀疏耦合的非线性微分代数方程，这种方法适用于模拟刚性系统（特征值变化范围大的系统）。

（2）提供 ABAM 积分求解程序，采用坐标分离算法来求解独立坐标的微分方程，这种方法适用于模拟特征值经历突变的系统或高频系统。

下面给出微分—代数方程的求解算法：

用 Gear 预估—校正算法可以有效地求解式（4-2）所示的微分—代数方程。首先，根据当前时刻的系统状态矢量值，用泰勒级数预估下一时刻系统的状态矢量值：

$$y_{n+1} = y_n + \frac{\partial y_n}{\partial t}h + \frac{1}{2!}\frac{\partial^2 y_n}{\partial t^2}h^2 + \cdots \qquad (4-3)$$

式中：时间步长 $h = t_{n+1} - t_n$。

这种预估算法得到的新时刻的系统状态矢量值通常不准确，式（4-2）右边的项不等于零，可以由 Gear 的 $k+1$ 阶积分求解程序（或其他向后差分积分程序）来校正。如果预估算法得到的新时刻的系统状态矢量值满足式（4-2），则可以不必进行校正。

$$y_{n+1} = -h\beta_0 \dot{y}_{n+1} + \sum_{i=1}^{k} \partial_i y_{n-i+1} \qquad (4-4)$$

式中：y_{n+1}——$y(t)$ 在 $t = t_{n+1}$ 时的近似值；

β_0，∂_i——Gear 积分程序的系数值。

整理式（4-4）得：

$$\dot{y}_{n+1} = \frac{-1}{h\beta_0}\Big[y_{n+1} - \sum_{i=1}^{k}\partial_i y_{n-i+1}\Big] \tag{4-5}$$

将式（4-2）在 $t = t_{n+1}$ 时刻展开，得：

$$F(q_{n+1}, u_{n+1}, \dot{u}_{n+1}, \lambda_{n+1}, t_{n+1}) = 0$$

$$G(u_{n+1}, q_{n+1}) = u_{n+1} - \dot{q}_{n+1} = u_{n+1} - \Big(\frac{-1}{h\beta_0}\Big)\Big(q_{n+1} - \sum_{i=1}^{k}\partial_i q_{n-i+1}\Big) = 0$$

$$\phi(q_{n+1}, t_{n+1}) = 0 \tag{4-6}$$

ADAMS 使用修正的 Newton-Raphson 程序求解上面的非线性方程，其迭代公式为：

$$F_j + \frac{\partial F}{\partial q}\Delta q_j + \frac{\partial F}{\partial u}\Delta u_j + \frac{\partial F}{\partial \dot{u}}\Delta \dot{u}_j + \frac{\partial F}{\partial \lambda}\Delta \lambda_j = 0$$

$$G_j + \frac{\partial G}{\partial q}\Delta q_j + \frac{\partial G}{\partial u}\Delta u_j = 0$$

$$\phi_j + \frac{\partial \phi}{\partial q}\Delta q_j = 0 \tag{4-7}$$

其中，j 表示第 j 次迭代。

$$\Delta q_j = q_{j+1} - q_j, \Delta u_j = u_{j+1} - u_j, \Delta \lambda_j = \lambda_{j+1} - \lambda_j \tag{4-8}$$

由式可知：

$$\Delta \dot{u}_j = -\Big(\frac{1}{h\beta_0}\Big)\Delta u_j \tag{4-9}$$

由式（3-6）可知：

$$\frac{\partial G}{\partial q} = \Big(\frac{1}{h\beta_0}\Big)I, \frac{\partial G}{\partial u} = I \tag{4-10}$$

将式（4-9）和式（4-10）代入式（4-7），得：

$$\begin{bmatrix} \dfrac{\partial F}{\partial q} & \Big(\dfrac{\partial F}{\partial u} - \dfrac{1}{h\beta_0}\dfrac{\partial F}{\partial \dot{u}}\Big) & \Big(\dfrac{\partial \phi}{\partial q}\Big)^{\mathrm{T}} \\ \Big(\dfrac{1}{h\beta_0}\Big)I & I & 0 \\ \Big(\dfrac{\partial \phi}{\partial q}\Big) & 0 & 0 \end{bmatrix}_j \begin{Bmatrix} \Delta q \\ \Delta u \\ \Delta \lambda \end{Bmatrix}_j = \begin{Bmatrix} -F \\ -G \\ -\phi \end{Bmatrix}_j \tag{4-11}$$

式（4-11）左边的系数矩阵称系统的雅可比矩阵，

式中：$\dfrac{\partial F}{\partial q}$——系统刚度矩阵；

$\dfrac{\partial F}{\partial u}$——系统阻尼矩阵；

$\dfrac{\partial F}{\partial u}$——系统质量矩阵。

通过分解系统雅可比矩阵（为提高计算效率，ADAMS 采用符号方法分解矩阵）求解 Δq_j，Δu_j，$\Delta \lambda_j$，计算出 q_{j+1}，u_{j+1}，λ_{j+1}，$\dot{q}_{j+1}$，$\dot{u}_{j+1}$，$\dot{\lambda}_{j+1}$，重复上述迭代校正步骤，直到满足收敛条件，最后是积分误差控制步骤。如果预估值与校正值的差值小于规定的积分误差限，接受该解，进行下一时刻的求解。否则拒绝该解，并减少积分步长，重新进行预估—校正过程。总之，微分—代数方程的求解算法是重复预估、校正、进行误差控制的过程，直到求解时间达到规定的模拟时间。

4. 静力学分析

对应于上面的动力学分析过程，在进行静力学分析时，分别设速度、加速度为零，则得到静力学方程：

$$\begin{bmatrix} \dfrac{\partial F}{\partial q} & \left(\dfrac{\partial \phi}{\partial q}\right)^{\mathrm{T}} \\ \dfrac{\partial \phi}{\partial q} & 0 \end{bmatrix}_j \left\{ \begin{matrix} \Delta q \\ \Delta \lambda \end{matrix} \right\}_j = \left\{ \begin{matrix} -F \\ -\phi \end{matrix} \right\}_j \tag{4-12}$$

5. 运动学分析

运动学分析研究零自由度系统的位置、速度、加速度和约束反力，因此，只需求解系统的约束方程：

$$\phi(q, t_n) = 0 \tag{4-13}$$

任一时刻 t_n 位置的确定，可由约束方程的 Newton – Raphson 迭代求得：

$$\dfrac{\partial \phi}{\partial q} \Big|_j \Delta q_j = -\phi(q_j, t_n) \tag{4-14}$$

其中，$\Delta q_j = q_{j+1} - q_j$，$j$ 表示第 j 次迭代。

t_n 时刻速度、加速度的确定，可由约束方程求一阶、二阶时间导数得到：

$$\left(\dfrac{\partial \phi}{\partial q}\right)\dot{q} = -\dfrac{\partial \phi}{\partial t} \tag{4-15}$$

$$\left(\dfrac{\partial \phi}{\partial q}\right)\ddot{q} = -\left\{ \dfrac{\partial^2 \phi}{\partial t^2} + \sum_{k=1}^{n}\sum_{l=1}^{n} \dfrac{\partial^2 \phi}{\partial q_k \partial q_l}\dot{q}_k\dot{q}_l + \dfrac{\partial}{\partial t}\left(\dfrac{\partial \phi}{\partial q}\right)\dot{q} + \dfrac{\partial}{\partial q}\left(\dfrac{\partial \phi}{\partial t}\right)\dot{q} \right\} \tag{4-16}$$

t_n 时刻约束反力的确定，可由带乘子的拉格朗日方程得到：

$$\left(\dfrac{\partial \phi}{\partial q}\right)^{\mathrm{T}}\lambda = \left\{ -\dfrac{d}{dt}\left(\dfrac{\partial T}{\partial \dot{q}}\right)^{\mathrm{T}} + \left(\dfrac{\partial T}{\partial q}\right)^{\mathrm{T}} + Q \right\} \tag{4-17}$$

6. 计算分析过程综述

利用 ADAMS 软件中提供的零件库、约束库、力库等建模模块，按照所要分析的系统的物理参数，建立起多刚体系统模型。ADAMS 软件进行运算时，首先读取原始的输入数据，在检查正确无误后，判断整个系统的自由度。如果系统的自由度为零，进行动力学分析。如果系统的自由度不为零，ADAMS 软件通过分析初始条件，判定是进行动力学分析还是静力学分析。在确定分析类型后，ADAMS 软件通过其功能强大的积分器求解矩阵方程。如果在仿真时间结束前，不发生雅可比矩阵奇异或矩阵结构奇异，则仿真成功。此时，可以通过人机交互界面再输入新的模拟结束时间，或者进行有关参数的测量及绘制曲线。

4.1.3 ADAMS 软件介绍

机械系统动力学自动分析软件 ADAMS（Automatic Dynamic Analysis of Mechanical Systems）是美国 MDI 开发的非常著名的虚拟样机分析软件。用户利用 ADAMS 软件可建造复杂机械系统的虚拟样机，对其进行静力学、运动学和动力学分析，较好地仿真其工作和运动过程，并且可以与 CAD 软件、系统动力学仿真软件等集成，以迅速地分析、比较系统的设计方案，测试并改进设计方案，直至获得良好的工作性能。

ADAMS 软件使用交互式图形环境和零件库、约束库、力库，创建完全参数化的机械系统几何模型。其求解器采用多刚体系统动力学理论中的拉格朗日方程方法，建立系统动力学方程，对虚拟机械系统进行静力学运动学和动力学分析，输出位移速度加速度和反作用力曲线。ADAMS 软件的仿真可用于预测机械系统的性能、运动范围、碰撞检测、峰值载荷以及计算有限元的输入载荷等。

ADAMS 软件是模块化的，由多个模块组成，核心模块由三部分组成，即用户界面模块 ADAMS/View，求解器 ADAMS/solver，后处理模块 ADAMS/PostProcessor，如图 4 - 3 所示。

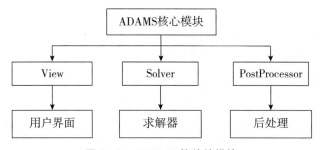

图 4 - 3　ADAMS 软件的模块

1. 用户界面模块 ADAMS/View

ADAMS/View 是以用户为中心的交互式图形环境。它将简单的按钮、菜单、鼠标点取操作与交互式图形建模、仿真计算、动画显示等功能完美地集成在一起。在 AD-AMS/View 中，用户首先建立运动部件（或者从 CAD 软件中导入），用约束将它们连接，通过装配成为系统，利用外力或运动将它们驱动。用户在仿真过程中或者仿真完成后，都可以观察主要的数据变化以及模型的运动。

2. 求解器 ADAMS/Solver

求解器 ADAMS/Solver 是一个自动建立并解算用于机械系统运动仿真方程的、快速稳定的数值分析工具。ADAMS/Solver 提供一种用于解算复杂机械系统复杂运动的数值方法，可以对机械部件、控制系统和柔性部件组成的多领域问题进行分析。

3. 后处理模块 ADAMS/PostProcessor

ADAMS/PostProcessor 是主要的显示仿真结果的可视化图形界面。当机械系统仿真完成后，ADAMS/PostProcessor 提供一个统一化的界面，以不同的方式回放仿真的结果。既可以用数据曲线的形式，也可以用数据表格的形式或动画的形式显示后处理的结果。

ADAMS 软件的运动仿真的分析步骤如图 4 – 4 所示，其中简单的产品建立模型可以在 ADAMS/View 直接建立；对于复杂的产品，其三维几何模型的建立及装配通常在 CAD（如 UG、Pro/E 等）软件中完成，然后通过格式转换成中性文件，导入 ADAMS 环境。

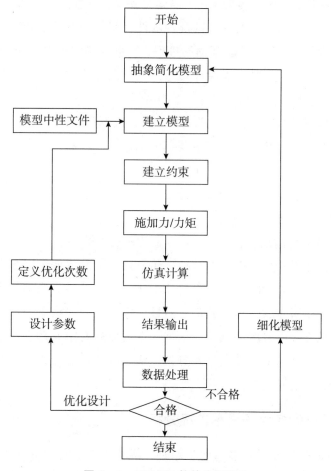

图 4 – 4   ADAMS 软件分析流程

创建模型后，需要添加约束，定义物体间的相对运动；施加力与力矩，使产品受到和真实工作中相同的各种力和外界作用。在产品仿真的同时，可以对产品的零件运动参数设置测量，绘制仿真结果曲线。通过对曲线数据和实验数据的对比分析，可以验证模型的正确性，并确定是否要修正模型。在仿真模型验证正确的基础上，可以对产品设置可控参数。根据需求，有目的地对模型进行优化分析。

4.2 基于虚拟样机的特种机电设备原子滑车的安全性分析关键技术

原子滑车轨道的形状是由空间三维曲线组成的，原子滑车的速度与加速度时刻在变化。为满足原子滑车的性能和安全性要求，对其进行虚拟动态仿真是十分必要的。通过在虚拟仿真平台上建立原子滑车的运动学和动力学模型，并根据实际情况在部件之间建立机构连接和运动关联，然后再施加相应的力或力矩，从而进行仿真计算，并通过对计算结果图形化，来获得原子滑车各运动和动力学性能参数的变化规律。

运动仿真的目的是通过考察各铰链及各部件之间的相对运动状态，在计算机上以三维图形动态地模拟原子滑车实际运动的过程，以此检验原子滑车结构设计的正确性。通过虚拟运动仿真分析，及时发现设计问题，从而在设计阶段解决产品开发过程中的各种运动实现问题，得到符合设计要求的实际结果。

对原子滑车虚拟样机模型进行运动仿真分析有以下几点作用：

（1）运动分析。检验模型是否完成预期的运动，在运动仿真过程中有无参数值的突变、仿真的骤停。

（2）干涉分析。检验运动机构有无运动干涉，受力是否合理。

（3）检查机构间的连接和碰撞。

（4）提供直观的仿真结果，便于设计方案的实现和推广。

通过对原子滑车虚拟数字模型进行动态仿真，不但解决原子滑车模型动力学仿真实时性的问题，而且计算出的运动学参量和刚体之间的约束力更加接近实际情况。因而不但可以进行原子滑车的运动学分析，而且可以获得原子滑车的各主要运动部件的受力情况，为校核部件的强度提供参考依据，也为以后有限元计算所需边界条件做准备。通过对样机各部件的受力情况进行分析，输出样机的主要设计指标，并与经验数据曲线进行比较，以检验是否符合设计要求。

4.2.1 特种机电设备原子滑车工况分析

原子滑车的运动包含了许多物理学原理，人们在设计原子滑车时巧妙地运用了这些物理原理，在钢制原子滑车中，列车车厢既可以像传统的木制原子滑车那样停留在轨道上，也可以像滑雪缆车那样，吊挂在车厢顶部的轨道上，钢管轨道不是由各个小部件组装而成的，而是与使用预制钢梁的摩天大楼类似，它是由一些曲线形的大型模块预制的，通过合适的制造工艺可生产出平滑的曲线形轨道，轨道的各个部件被较好地焊接在一起，使原子滑车能沿轨道坡度向各个方向运动，保证车体运行的平稳。

原了滑车系统的运动是由势能转化为动能，又由动能转化为势能这样一种不断转化的过程。原子滑车运动过程中典型的工况如下。

（1）原子滑车的列车是由链条拉到最高点或者通过发射器在很短的时间内使列车达到速度极限值，从而获得足够的能量。

（2）在直线和曲线下降段，小车从轨道的最高点以牵引速度开始下降，势能不断减少，转化成动能。在能量的转化过程中，由于原子滑车的车轮与轨道摩擦以及运动过程中的空气阻力，损耗了一定的机械能。

（3）在轨道的最低点，头部小车率先达到了速度最大值，坐在列车前面的人会感受到很大的加速度值；但是尾部小车是在头部的小车已经通过谷底开始爬升减速时才到达谷底，它由于同先头小车连在一起，此时的速度同先头小车一起已经减小了，因此坐在后面的人感受到的力会比先头小车里的人感受到的要小。

（4）当到达垂直立环时，沿直线轨道行进的原子滑车突然向上转弯，铁轨与原子滑车相互作用产生了向心力，当原子滑车到达立环的最高点时，由于势能的增加，动能减小，速度比较慢。坐在前部小车和坐在尾部小车的感受也会不同，当前部小车通过最高点时，列车的质心在其身后，在短时间内，它虽然处在下降的状态，但是它要等待列车质心越过最高点后才能被推动，同前部小车比较起来，坐在尾部小车的人有更强烈的失重或者负重力感觉，因为最后一节小车通过最高点时，列车质心已经通过了最高点并在加速下降，这使其到达和跨越最高点的速度比原子滑车头部的小车要快，会有更大的指向上方的离心力，从而就会产生一种要被抛离的感觉，先头小车和尾部小车受到的加速度会相差近1g，尾部小车后会多带有一个轮组，否则在到达顶峰附近时，列车就可能脱离轨道。

（5）在水平盘旋段，原子滑车平稳下滑，速度逐渐增加，但是加速度变化不明显，这是因为轨道横向具有一定的倾角，外侧的轨道要高于内侧的轨道。

（6）在轨道的尾端，机械制动装置使原子滑车减速直到停止。一般制动装置是采用气缸驱动，其制动力的大小由气压力来控制。

4.2.2　特种机电设备原子滑车运动学性能分析

原子滑车作为 A 级游乐设施，其安全性能得到国家和广大人民的强烈关注。在进行原子滑车运动学和动力学仿真中必须要考虑的一个安全因素，即加速度值的大小不能超过人体可承受的安全范围。2007 年 6 月 25 日，一名十四岁的西班牙少女在法国巴黎迪士尼乐园玩原子滑车时突然失去知觉，不久便身亡。据析可能与身体不适或受到过度惊吓有关。当加速度的大小超过人体可承受范围后，人体会感到不适，特别是竖直方向的加速度过大，会给人体心脏造成负担，此时心脏需要更大的压力把血压出去，易造成毛细血管破裂，进入大脑的血液减少，从而造成脑部损伤和颈部椎骨等部位的伤害。

鉴于以上分析，从医学角度考虑人体可承受能力，各个国家对游乐设施，特别是原子滑车这样大型的游乐设施都明确规定了加速度的允许值。我国对游乐设施行业的标准起草的相对较晚，最早的关于游乐设施的标准是 GB 8408—87《游乐设施安全规范》，由于其规定的标准相对保守，已经不能满足我国当前游乐行业快速发展的需要。经过几次对 GB 8408 游乐设施标准的修改，目前现行的标准主要有 GB 8408—2008《游乐设施安全规范》及其附件、GB/T 18159—2008《滑行车类游艺机通用技术条件》等。这些标准主要参照欧盟、美国、加拿大等国家的标准，结合我国自己的实际情况制定出来。其中规定了包括传动系统、电气、制造与安装等一系列的标准规范，特别强调了关于加速度允许值的大小和持续时间，并给出了坐标图表作为参考依据。图 4 - 5 中给出了人体空间坐标参考系下加速度的指导方向。同时，此坐标系亦给出了运动学和动力学仿真的参考坐标系。

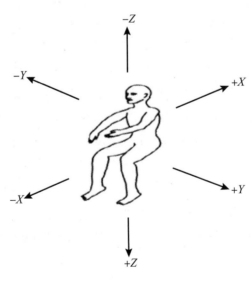

图 4 - 5　人体坐标系

在运动学仿真结束后，一般将运载小车车辆坐席上方600mm处作为测量或计算加速度的参考点。简化的人—椅模型长方体的高度为600mm。满足GB 8408—2008《游乐设施安全规范》中对计算加速度参考点的要求。

此外需要说明的是，GB 8408—2008《游乐设施安全规范》中规定，冲击加速度为持续时间小于等于0.1s的加速度，稳态加速度为持续时间大于0.1s的加速度。

原子滑车的运动学计算主要参考国家对游乐设施安全规范的相关规定。列车的全长为10m左右，通常情况下需要均布到3～4组立柱上来计算；主要的阻力包括轴承摩擦力、风阻等；轨道简化成铰支连续梁，曲率需要折算。

原子滑车的运动学性能主要包括小车在各工况的速度、加速度等运动特征。

4.2.3 施加载荷

原子滑车在运行过程中，受到自身重力、摩擦力、爬升阶段的牵引力、风阻以及离心力的作用。其中，离心力的产生是因原子滑车轨道形状变化，特别是空间旋转位置系统在自身质量惯性的影响下产生，但其在原子滑车运行过程中不做功。故施加载荷只对前四种力进行施加。

1. 重力

根据物理样机图纸说明，通过修改动态实体模型材料及密度等相关信息。控制每个运载小车载四个人时（GB 8408—2008中按700N/人）的总重约等于12.87kN。重力加速度G等于9.81m/s²，方向为竖直负方向（负Z轴方向）。

2. 摩擦力

结合实际物理样机的受力分析和运动分析，原子滑车运行过程中摩擦力做功，消耗系统的整体动能和势能，同时，摩擦力的大小也决定了原子滑车能否顺利完成一周的循环运动及加速度大小是否在人体可承受的安全范围之内。可以认为，摩擦力的大小和施加位置，直接影响原子滑车运动学和动力学仿真结果和仿真数据的准确性。摩擦系数设置不当，易造成以下两种错误结论和数据。

（1）因摩擦系数设置过大，原子滑车运动学与动力学仿真在轨道立环、螺旋环或转弯处由于动能不足而停止运动，使运载小车无法回到站台。

（2）因摩擦系数设置过小（或稍大），当运载小车进站台时的进站速度过大（或很小），仿真得到的进站速度数据与实际进站速度数据误差率过大（在轨道其余位置处误差率亦很大），使仿真结果不具有可信性，即仿真出现误差。

鉴于以上原因，对原子滑车摩擦系数的设定在进行原子滑车运动学与动力学仿真中显得尤为重要。由于原子滑车在运动过程中，车轮和轨道间既有滚动摩擦，又有滑动摩擦，滚动摩擦力比滑动摩擦力小得多，故此处仅考虑滑动摩擦。

3. 牵引力

运载小车全程运动中只有在轨道爬坡阶段，受链条牵引力的作用向上运动，其中运载小车的第 2、3、5 节车厢为牵引车，车厢底架上的牵引钩受链条的向上牵引力作用带动六辆小车运动至轨道最高处，同时其底架上的逆止爪起保护作用，防止因牵引钩与链条滑脱而使运载小车逆向下滑回至爬升段底部。当第 5 节车厢到达轨道最高处后，第 5 节车厢下的牵引钩与链条自动脱开，此时运载小车的质心已经越过轨道最高位置，小车依靠自身势能和所受重力沿着轨道运动。在运载小车受轨道链条牵引力向上运动的过程中，链条的牵引运动速度为恒定速度 1.12m/s。

4. 风阻

根据列车空气动力学研究结果，风力对列车行驶性能有两方面的影响，列车前进方向的风力影响速度，垂直于前进方向的风力（被称为横风）使列车承受侧向力。原子滑车前进方向的空气阻力 F_D 和垂直于前进方向的空气侧向力 F_H 分别可以按式（4-18）、式（4-19）计算。

$$F_D = 0.5\rho A_D C_D V^2 \tag{4-18}$$

$$F_H = 0.5\rho A_H C_H V^2 \tag{4-19}$$

式中：ρ——空气密度，kg/m^3；

    A——原子滑车横截面积，m^2；

    C——车厢的空气阻力系数；

    V——相对速度，m/s。

基于国家标准的相关要求，对原子滑车实体模型进行约束设置，并施加重力、牵引力、摩擦力及风阻，进而对原子滑车运动学与动力学仿真参数进行分析。

4.2.4 原子滑车的虚拟现实建模

1. 轨道与车辆的建模

轨道采用固结于地面的三维曲线来替代实体轨道，经试验证明原子滑车轨道可以作为无质量刚体进行建模。车厢的三维 CAD 建模可以在 ADAMS 或三维 CAD 软件中完成，然后在 ADAMS 中，将约束施加于各零部件之间，并且各零部件所获得的自由度与物理样机一致。

2. 轨道与车轮间约束的施加，车厢间连接副的选择，载荷的设置

轨道与车轮间的约束采用尖底凸轮机构的运动约束；车厢间连接副采用点面约束；车轮与轨道间的摩擦力采用 3 项式逼近海维塞阶梯函数自定义摩擦力函数。

$$SFORSE = STEP (VM, 0, 0, 0.5, SIGN (0.0001 \times PTCV, -VX)) \tag{4-20}$$

其中 0.0001 为轨道与车轮之间的滚动摩擦系数。

该函数满足摩擦力的实际特性：摩擦力值与车轮对轨道的正压力成正比，方向同车辆运行方向相反，无运动倾向时，摩擦力为零。

制动机构所产生的制动力，利用 ADAMS 提供的运行过程函数，构造摩擦制动力。

$$F = STEP（DX，10，STEP（VX，-0.01，0.2 * DV1，0，0），10.1，0）$$

$$(4-21)$$

经反复试验，该函数符合制动力的实际特性：制动力在制动地点出现，其大小与制动摩擦片的正压力成正比，速度降为零时制动力消失。

4.2.5　基于虚拟样机技术的原子滑车安全性分析

据统计原子滑车在使用过程中最易损坏的是车厢之间的连接副，该连接副的受力状况是否良好是评价原子滑车安全性最关键的因素。此外，人体能承受的加速度有限，原子滑车的加速度是否在人体所能承受的范围内，是评价原子滑车运行安全性的又一个标准。

经原子滑车的运动学与动力学仿真分析可知：轨道圆环直径与车厢重量对车厢连接副的受力影响很大；轨道圆环直径与原子滑车的加速度关系密切；制动力的大小决定了原子滑车能否准确制动。因此，将对轨道圆环直径、车厢重量、连接副的受力进行安全性分析。

1. 车厢载重

考虑车厢重量（车厢载重与车体重量之和）对于原子滑车运行安全性有很大的影响，因而可采用 ADAMS/View 提供的参数化分析功能，以车厢重量为设计变量，研究车厢重量变化对车厢之间连接副受力的影响。

2. 制动力大小

原子滑车制动力是由石棉与车厢底部钢片之间的摩擦力产生，摩擦力受作用于石棉上正压力的控制，其大小将影响制动效果。正压力过小会引起车辆冲出站台而无法按预期位置制动，产生危险。正压力过大，引起加速度过大，使制动提前。

4.2.6　基于虚拟样机的特种机电设备原子滑车安全性分析流程

利用虚拟样机技术建立原子滑车的数字化模型，进行仿真分析并以图形方式显示该系统在真实工程条件下的各种特性，通过修改并得到最优设计方案，原子滑车安全性分析流程如图 4-6 所示，从而提高原子滑车的安全性能、改善原子滑车的运动特性，大大简化原子滑车产品的实际开发过程。

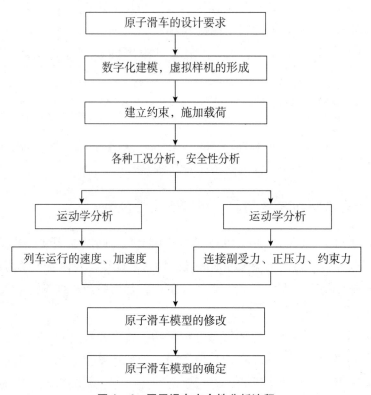

图 4 - 6　原子滑车安全性分析流程

4.3　基于虚拟样机的原子滑车建模

利用动力学仿真软件 ADAMS 对原子滑车的虚拟数字样机进行运动学和刚体动力学仿真分析，可以研究运行过程中车辆位置、速度、加速度和受力的变化情况，以获得原子滑车的各种运动学和动力学性能。将对原子滑车的车辆—轨道间耦合作用系统进行运动学和刚体动力学仿真分析，主要分析内容如下。

（1）考察运行过程中车辆位置、速度、加速度的变化情况；

（2）考察车厢间连接副的受力变化情况；

（3）考察车轮对轨道的法向压紧力的变化情况。

按照动力学的观点：原子滑车车辆在轨道上行驶，实质上是一个移动质量系统与一个连续支承结构之间动态相互作用问题。由于车轮与钢轨表面几何缺陷等原因，使轮轨之间产生相互作用力。此力向上传递给原子滑车的车辆，向下传递给轨道结构，引起各自的振动。这些振动又相互耦合，构成车辆与轨道的耦合系统。而车辆—轨道间耦合作用系统直接关系到原子滑车性能的好坏。其车辆—轨道间耦合作用系统的性能分析，要求能预测原子滑车的车辆与轨道的结构设计方案的各项性能指标，从而进一步对设计进行改进。为使原子滑车的车辆安全可靠地在轨道上完成一次运行，其结构必须具有良好的动力学性能，比如平稳性指标（平稳性指标主要是通过车体加速度来测得的）等，故对其进行动力学分析和仿真是个重要的任务。

4.3.1 轨道的设计与建模

4.3.1.1 轨道的设计

通常原子滑车轨道由直线、心跳线、小山丘、平展转弯轨道、水平螺旋线、倾斜转弯、螺纹盘旋上升、竖直螺旋线等曲线组合而成。原子滑车的轨道形式如图4-7所示。

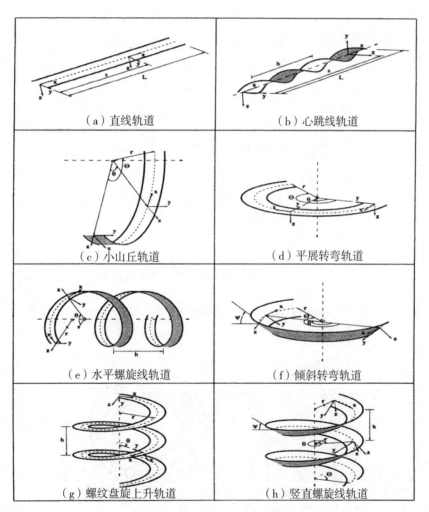

图4-7 原子滑车的轨道典型形式

1. 设计要求

某单环往复式原子滑车的轨道最大高度 34.153m，轨道全长 276m，最大速度为 75km/h，整个轨道由直线、圆弧和圆环组成，其中包括一个立环。轨道是两根直径为 140mm 的钢管组成，支撑管是一根直径为 351mm 的钢管。

2. 曲线设计的前期计算

原子滑车列车由六辆小车组成，每辆乘坐 4 人，每辆小车的重量为 700kg，每个人的重量按 100kg，所以，计算时的总载荷量为 6600kg。

3. 轨道的工程特点

（1）管状形态、长短各异，种类繁多。角度也就较多。由于原子滑车做的是环状空间曲线的惯性自由落体运动，致使支撑管柱连接端的空间角度不尽相同，所以几乎每根管柱的端部空间角度不一样（除原子滑车行程起始平缓段和终点平缓段的支撑管柱）。管柱主要有单管柱、双肢管柱和三肢管柱三种形式。管柱按其端部的连接形式分类，主要可分为：端部带轨道支撑的管柱和端部带法兰连接的管柱两种，如图 4-8 和图 4-9 所示。

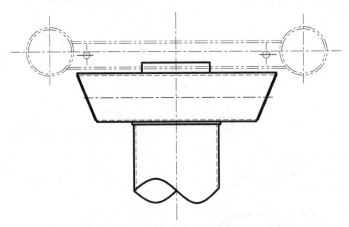

图 4-8　管柱端部带轨道支撑的示意

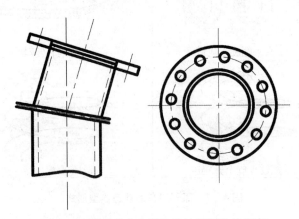

图 4-9　端部带有空间角度的连接法兰示意

（2）制作精度高。管柱柱身本体之间及部分柱顶连接均采用法兰。由于整体支架结构始终承受很大的动载荷、法兰与盲板直接用高强度螺栓连接，两者的接触面之间不设置任何形式的垫圈。这对法兰盘与盲板的接触面的平整度要求很高。

（3）焊缝质量要求高。

（4）对外观质量要求高。

（5）工程量较小，但材料种类颇多，材料的机械性能要求较高。

按照之前所介绍的原子滑车轨道设计方法，设计单环往复式原子滑车轨道曲线的形状。设计完成的轨道由几种不同的几何元素构成，所以对曲线进行分段，具体的分段情况如图 4 - 10 所示。

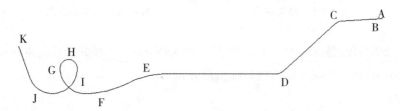

图 4 - 10　原子滑车轨道曲线

AB 段是一段半径为 1000mm 的圆弧，圆弧的两个端点 AB 间的水平距离为 828.65mm，如图 4 - 11 所示。

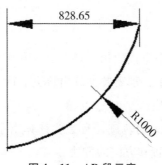

图 4 - 11　AB 段示意

BCD 段可以分成四段，两条倾角分别为和 42° 直线和两条半径为 5000mm 的圆弧。

DE 段为速度保持段，为一条长度是 50000mm 的直线。

EF 是一条关于自己中点对称的曲线。选 F 点为坐标原点，对称一半部分的参数方程为：

$x = 19966 \times 0.9583 \times t$

$y = 9800/2 \times (0.9583 \times t)^2$

$z = 0$

式中参数 t 从 0 到 1 变化。

$FGHIJ$ 段是一段抛物线曲线，如图 4－12 和图 4－13 所示。

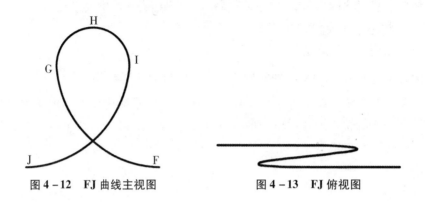

图 4－12　FJ 曲线主视图　　　　　图 4－13　FJ 俯视图

图 4－12 所示的竖直环中，大圆的半径为 11500mm，小圆的半径为 4000mm。

图中 GH 段的关于原点 G 的柱坐标参数方程为：

$r = 4000$

$\text{theta} = 180 - 90 \times t$

$z = -90 \times t \times 6.666667$

式中 t 从 0 到 1 变化。

JK 段曲线是一段圆弧和一段直线组成，圆弧的半径为 11500mm，直线与水平向右方向的夹角为 110°。

4.3.1.2　轨道的建模

无论采用在 ADAMS 软件中直接建模，还是在三维 CAD 软件中建模并保存为中性文件后再导入到 ADAMS 文件中，都需要计算出轨道上特征点的坐标值。

1. 全轨道坐标计算

为模拟受轨道限制的小车运动轨迹，有必要计算出小车在轨道上的空间位置和方向。下面介绍一种确定小车位置和方向的方法。

假设一个轨道指定包含一系列规则的 n 个轨道单元，标号为 $1 \sim n$，坐标定义为 $[X_0，Y_0，Z_0]$。每个单元和该坐标系有一个相对的位置，定义为 ^0P_i，上标 0 表示位置矢量，第 i 个单元的坐标系 $[X_i，Y_i，Z_i]$，因此为该单元的起始点。矩阵 $^0\boldsymbol{R}_i$ 表示第 i 个坐标系相对于通用坐标系的旋转运动。

小车相对于第 i 个单元的起始点的空间位置为 ^iP_c，P_c 表示 i 个坐标系。$^i\boldsymbol{R}_c$ 表示旋转矩阵从小车坐标到轨道坐标。

假设小车定位于 i 单元内，那么小车相对于通用坐标系为：

$$^0P_c = {}^0P_i + {}^0R_i \cdot {}^iP_c \qquad (4-22)$$

给出小车的方向为：

$$^{0}R_{c} = {}^{0}R_{i} \cdot {}^{i}R_{c} \tag{4-23}$$

$$^{0}R_{i} = \prod_{j=0}^{i-1} {}^{j}R_{j+1} \tag{4-24}$$

$$^{0}P_{i} = \sum_{j=0}^{i-1} [{}^{0}R_{j} \cdot {}^{j}P_{j+1}] \tag{4-25}$$

通过式（4-22）和式（4-23）要首先确定位置 ${}^{i}P_{c}$ 和 ${}^{i}R_{c}$ 在单元坐标系，然后用式（4-24）和式（4-25）把该位置和方向转换到通用坐标中。${}^{i}P_{c}$ 和 ${}^{i}R_{c}$ 的计算非常重要，因为 ${}^{j}R_{j+1}$ 代表一个单元的旋转运动并且可以计算 ${}^{i}R_{c}$ 包含小车在终点的位置。将起始点 A 设为坐标系原点。下面介绍对各段轨道建立数学模型，并计算出每段轨道上几个点的坐标值。这一步为以后用一条连续的样条曲线对轨道建模提供了理论基础。

对原子滑车轨道的各拐点进行标记，如图 4-10 所示，将起始点 A 设为坐标系原点。对各段轨道建立数学模型，并计算出每段轨道上几个点的坐标值。通过对轨道建立数学模型得到的一些关键点的坐标值。如下表所示。

关键点的坐标值

X	Y	Z
0.0	0.0	0.0
$-2.18E+004$	$-1.18E+004$	0.0
$-4.85E+004$	$-2.29E+004$	0.0
$-1.0061541E+005$	$-2.338191E+004$	0.0
$-1.227E+005$	$-2.92E+004$	0.0
$-1.4207541E+005$	$-3.188191E+004$	0.0
$-1.477E+005$	$-2.82E+004$	0.0
$-1.501E+005$	$-2.34E+004$	0.0
$-1.501E+005$	$-1.94E+004$	120.0
$-1.465E+005$	$-1.69E+004$	600.0
$-1.425E+005$	$-1.97E+004$	1080.0
$-1.428E+005$	$-2.39E+004$	1200.0
$-1.447E+005$	$-2.78E+004$	1200.0
$-1.499E+005$	$-3.17E+004$	1200.0
$-1.58E+005$	$-3.16E+004$	1200.0
$-1.6468187514E+005$	$-2.4815141649E+004$	1200.0
$-1.7152227514E+005$	-6021.341649	1200.0

2. 轨道曲线虚拟建模

采用连续的样条曲线建立轨道曲线的方案。具体建模过程如下。

（1）首先，在建模之前要对轨道进行数学建模，求出轨道中的关键点的坐标值。

（2）任意建立一条样条曲线，保证所建立的样条曲线中的点数尽量接近求出的坐标值。因为点数越多，建立的样条曲线光滑度越接近于实际曲线。

（3）在样条曲线上点击鼠标右键，选择 BSpline：GCURVE→Modify，点击弹出的对话框中 Values 后的"   "按钮，在 Location Table 对话框中通过"Read"和"Write"工具来导入和导出坐标点。注意导出的坐标点是 .dat 文件，需要另存为 .txt 文件才能导入。如图 4 – 14 所示。

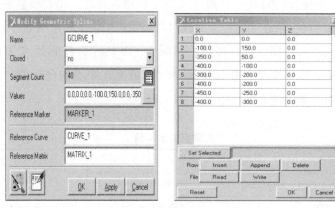

图 4 – 14　样条曲线修改对话框

构建的轨道模型如图 4 – 15 所示。

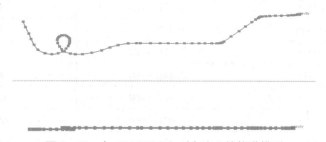

图 4 – 15　在 ADAMS/View 中建立的轨道模型

4.3.2　原子滑车列车的设计与建模

4.3.2.1　原子滑车列车的设计

列车共有六节载人小车，由小车（其中分为牵引车、中间车、尾车）、安全绳、连接器（其中分为中间连接器和尾部连接器）、联轴器、轮桥和原子滑车滑线等组成。

　　小车主要由如下几个构件组成：车架、车厢体、座椅、减震装置和压臂装置等。车架又包括立轴、小车的架体、尾座、牵引钩、制动板等。连接器由连接器连接轴、销轴和连接叉组成。轮桥包括轮架、连接架和轮桥连接轴。轮架由架体、侧导轮、下导轮、行走轮等组成。原子滑车牵引车如图 4 - 16 所示。原子滑车中间车如图 4 - 17 所示。

图 4 - 16　原子滑车牵引车

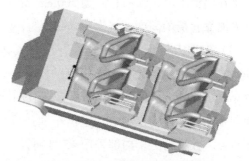

图 4 - 17　原子滑车中间车

　　轮桥连接轴一端通过销轴与轮架相连，这样单侧的两个行走轮可以绕销轴沿着轨道横向做上下摆动，轮桥连接轴与轮架之间设减震装置，轮桥连接轴另一端与连接架相连，整个连接架可以绕立轴旋转，这样可以使小车在运行时适应形状多变的轨道。小车之间通过连接器连接，连接轴与连接叉之间有万象块，车辆之间可相对转动，如图 4 - 18 所示。

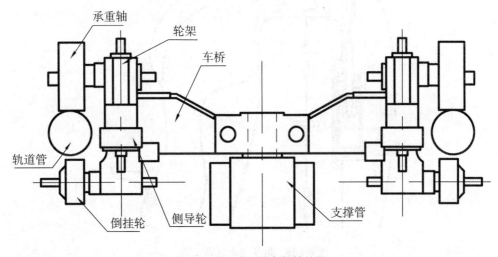

图 4 - 18　原子滑车轮轴结构

　　在进行设计原子滑车之前，必须对原子滑车的结构进行分析。对车厢的总高、总宽、总长进行初步的规划。对于车厢内的座椅的尺寸初步确定，以及对安全设施的选择、结构的设计以及控制的方法的确定。

通过娱乐设施的基本理论以及人机工程学对原子滑车车厢的基本尺寸确定如下。

（1）根据娱乐设施的基本要求对原子滑车车厢的基本尺寸规定如下：高 1.5m、宽 0.8m、长 0.5m 左右。

（2）根据人机工程学对车厢的座椅尺寸的确定如下：300mm × 400mm × 800mm，当人坐在座椅上时，纵向长度为 300mm 左右，横向宽度为 400mm 左右时对乘客比较舒适，人的靠背椅的高度大概为 800mm 左右。

（3）根据人机工程学安全压臂压在人体心脏以下 50mm 左右，并且横向宽度为 250mm 左右。目前，原子滑车车辆的安全装置大都采用安全压臂装置。即在人乘坐原子滑车时，座椅上放的安全压臂在液压缸的动力驱动下，向下压住并包裹住人的肩部，避免乘客在离心力的作用下，甩出车厢造成伤亡。压臂根据人体工程学在形状上和人体相符合，在材料上，内部采用 45 号钢管，外部套有软塑料，在足够强度下，提高舒适性。压臂的结构简图如图 4 - 19 所示，通过电磁换向阀控制的液压缸可以直线运动，带动连杆，使曲柄产生 40°旋转，压臂和曲柄相连，压紧和放松两个极限位置之间有 40°夹角。

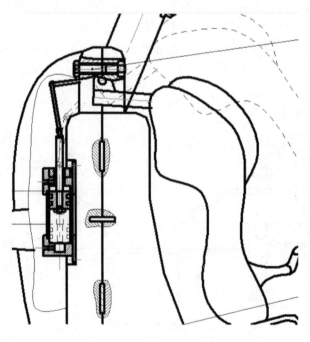

图 4 - 19　原子滑车压臂示意

4.3.2.2　原子滑车车辆的建模

原子滑车厢体由成百上千个零件组成，把每一个零件都建模，将是非常复杂的一个过程，并且也没有必要，建模最关键的是具有相对运动的构件及其它们之间的连接

116

关系、相对自由度等，而没有相对运动的构件，如焊接件或螺栓连接件等可以把它们当成一个整体建模。

ADAMS 本身的几何建模工具相对于专业的三维建模软件来说，功能十分有限，ADAMS 提供一个 MECHANISM/Pro 的模块，该模块实现 Pro/E 的基于特征的几何模型与 ADAMS 运动学和动力学分析模型的无缝连接，避免因转化为其他格式的几何实体模型而导致几何和物理特性（如模型的尺寸、材料特性、惯性矩等）的变化而引起的误差，从而有效地保证虚拟样机的精确性。

在 Pro/E 软件中建立车厢的三维零件模型，将每节车厢分为以下 7 个主要构件：一个车体、两根车轮轴以及四个车轮，并装配成完整的三维实体模型如图 4 - 20 所示，图 4 - 21 是装配的列车模型。

图 4 - 20　简化后的小车模型

图 4 - 21　列车模型

将建好的车厢三维实体模型通过 MECHANISM/Pro 接口模块输入 ADAMS 软件,再由 ADAMS 获得各构件的形心位置、质量和各种转动惯量,保证列车模型的总质量与物理样机一致。

4.4 原子滑车运动学及动力学仿真

4.4.1 约束的施加

4.4.1.1 车辆零件间约束选择

通过对车辆各零部件之间运动关系的分析,小车的拓扑结构如图 4-22 所示。车厢与前轴之间采用圆柱副连接,限制两个方向的转动和两个方向的移动,共限制 4 个自由度。车厢与后轴之间采用旋转副连接,限制两个方向的转动和三个方向的移动,共限制 5 个自由度。车轮与车轴之间采用固定副连接。

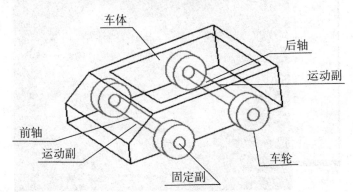

图 4-22　车辆拓扑结构

4.4.1.2 车辆间约束的选择

只有车厢之间具备足够的自由度,六辆车才能沿空间轨道顺利运行。车辆间连接副的选择实际上就是确定车辆间的自由度问题。在单环往复式轨道中,车辆之间只要限制行进方向的移动,即 Z 轴方向的相互移动。因此在车厢间添加连杆,连杆两端与车厢用球副连接,试验成功。

4.4.1.3 轨道与车轮间约束的选择

在原子滑车运行中,要求车辆的四个轮子始终沿着轨道曲线运动。轨道与车厢之间采用高副连接,在 ADAMS/View 中提供了两种高副,一种是点—线副 🌀,另一种是线—线副 🌀,点—线副是约束一个构件上的一个点在另一个构件上的一条曲线上移动,两者不能分开,曲线可以是平面曲线,也可以是空间曲线,可以封闭,也可以不封闭。它约束了 2 个移动自由度。线—线副是约束一个构件上的一条线与另一个构件上的一条线始终接触，曲线必须是平面曲线，且两个曲线必须在一个平面内。约束2个平动自由度和2个旋转自由度。

为实现原子滑车的动态仿真，使车厢能够沿着轨道，按要求运动起来，必须在各构件之间施加正确、适当的约束及驱动载荷，其目的是限制构件之间的相对运动，确定构件自由度，并以它们之间的约束为连接，形成一个机械系统，即完整的滑行车结构。

车轮和轨道之间的关系是碰撞接触关系，但是因为碰撞接触问题用软件处理起来非常复杂，运算效率很低，且常会发散。经过对ADAMS中各种运动副的研究和实验，以一节车厢为例，最终确定的约束关系如图4-23所示。

四个轮子分别建立点—线副（尖顶—凸轮副），点—线副的作用是使轮子上的触点始终沿着轨道曲线运动；右前车轮建立圆柱副，圆柱副约束车轮沿其轴线既可以滑移又可以旋转，实现车轮在三个坐标方向上的运动；右后车轮建立旋转副，使车轮只能在其轴线上旋转，这样避免冗余约束。同时，轨道与地面之间用固定副连接，使轨道相对地面不动。以上约束的建立，可以实现车厢在三维轨道曲线上的运转。

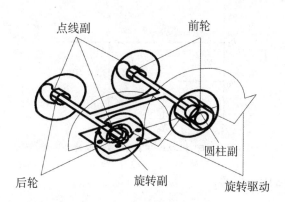

图4-23 车厢与轨道的约束示意

4.4.2 摩擦力和制动力的施加

4.4.2.1 摩擦力的施加

原子滑车在运行过程中，除牵引力作为初始的能量输入原子滑车系统外，列车还受到来自于轨道的作用力。这些作用在仿真过程中的处理对保证仿真结果的正确性是至关重要的。

原子滑车的轮子通常是由聚亚安酯或尼龙制成的。一方面，温度、湿度以及接触面的光滑程度都对其有影响；另一方面，它会随着车轮最外层的材料、硬度和磨损的变化而变化；更重要的是润滑方式和润滑材料的选取也会影响到摩擦力的大小。

摩擦力在原子滑车的运行过程中是不断变化的，它的大小与车轮对轨道的正压力成正比，方向始终与车辆运行方向相反。这就需要在定义摩擦力的时候有一个实时变化的正压力变量，通过读取尖底凸轮的压力可以解决此问题。

采用集中力表示摩擦力。将集中力建立在车轮的质心，其方向始终与速度的方向相反。集中力的大小可以是常数也可以是变量，滚动摩擦力的大小随着轨道对车轮的正压力大小的变化而变化，因此，施加于车轮的集中力应该是一个变量。集中力的方向随着车辆的位置变化而变化。代表摩擦力的此集中力可以用运行过程函数表示，当车厢相对于地面的速度为 0 时，摩擦力为 0，当速度大于 0 时，摩擦力的大小等于轨道对车轮支持力乘以滚动摩擦系数 0.0001。函数表达式为：

$$f(v) = \begin{cases} 0, & v = 0 \\ \mu F_N, & v \neq 0 \end{cases} \tag{4-26}$$

式中：F_N——轨道对车轮的约束力；

μ——滚动摩擦系数。

STEP 函数曲线如图 4-24 所示。

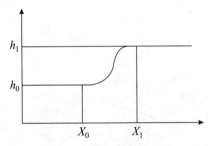

图 4-24　STEP 函数曲线

第一节车厢的摩擦力如下：

SFORCE = STEP（VM（PART_ 7. cm, 0, 0），0, 0, 0.5, SIGN（0.0001 * PTCV（model_ 1. PTCV_ 1, 0, 1, 0），-VX（PART_ 7. cm, MARKER_ 68, PART_ 7. cm）））其中 0.0001 为滚动摩擦系数，函数 STEP，VM，SIGN，PTCV，VX 介绍如下。

（1）STEP 函数类似于海维赛德阶跃函数，它的函数格式是：Step（x, x_0, h_0, x_1, h_1）。其中各参数意义依次如下：

x　自变量；

x_0　阶跃函数起点自变量值；

h_0　阶跃起点处函数值；

x_1　阶跃终点自变量值；

h_1　阶跃重点函数值。

（2）VM 函数是定义被测物体相对于参考物体速度大小的函数，格式 VM（To_ Marker，From_ Marker，Ref_ Frame）。

其中各参数意义依次如下：

To Marker：被测试速度构件的坐标。

From Marker：相对于被测试速度构件的坐标，一般设置为0。当被默认为地面坐标时，设置为1。

Ref Frame：位移矢量对时间求导的参考体系。

（3）SIGN 函数称为符号函数，是一个不连续的函数。其含义为：

SIGN（a_1，a_2）＝ABS（a_1）（若 $a_2 \geq 0$）

SIGN（a_1，a_2）＝－ABS（a_1）（若 $a_2 < 0$）

符号函数的格式：SIGN（a_1，a_2）

a_1：可以用任意函数表达式表示。

a_2：可以用任意函数表达式表示。

（4）PTCV 函数返回到是点约束作用于从动件上的力值。

PTCV 的格式为：PTCV（id，jflag，comp，rm）。

Constraint Name：点约束的整数型标识符。

On Body：一个整数型标识，表明要被计算的点约束力处于哪个坐标系上。

约束力位于从动件上的坐标时，jflag＝0

约束力位于主动件上的坐标时，jflag＝1

Comp：一个整数型标识，表明点被计算的约束力的性质。

Comp＝1 约束力的大小；

Comp＝2 约束力在 X 轴方向的分力；

Comp＝3 约束力在 Y 轴方向的分力；

Comp＝4 约束力在 Z 轴方向的分力；

Comp＝5 转矩的大小；

Comp＝6 绕 X 轴的转矩；

Comp＝7 绕 Y 轴的转矩；

Comp＝8 绕 Z 轴的转矩。

Rm：表示一个坐标系统，约束力结果从该坐标系统中产生。如果坐标系统是地面，则 rm＝0。

（5）VX 函数表示被测物体相对于参考系在 X 轴上的速度。

VX 函数格式：VX（To_ Marker，From_ Marker，Along_ Marker，Ref_ Frame）

To Marker：被测试速度构件的坐标。

From Marker：相对于被测试速度矢量的坐标。如果被测试速度的结果按照地面坐标轴方向计算，则设置为0。

Ref Frame：为位移矢量一次求导的参考系统。

4.4.2.2 制动力的施加

单环往复式原子滑车的制动力是摩擦力，该摩擦力的出现是与原子滑车的位置有关的，大小与摩擦片的正压力成正比，方向与速度成反向。虚拟制动系统的制动力应与实物样机类似。虚拟制动力可以用一个集中力表示，也可采用 C 语言编程。若用 C 语言编程，编译连接比较困难，因此与摩擦力虚拟实现建模一样制动力用集中力表示。制动力函数表达式为：

$$f(x,v) = \begin{cases} g(v), & a \leq x \leq b \\ 0, & x < a \ \text{或} \ x > b \end{cases} \qquad g(v) = \begin{cases} 0, & v \geq 0 \\ \mu \times F_{DV}, & v < 0 \end{cases}$$

其中，a、b 分别表示制动力的起点和终点坐标，μ 为石棉与钢片之间的滑动摩擦系数，F_{DV} 表示石棉摩擦片对厢体钢片的夹紧力。单环往复式原子滑车的制动力在 AD-AMS 中的函数式为：

F = STEP（DM（chexiang_ 5. cm），100，STEP（VX（chexiang_ 5. cm），0，0，0.01，0.35 * DV），100.1，0）。其中，DV 为加紧力 F_{DV} 的设计变量。

基于前面建立的动力学模型，在 ADAMS/View 中可以通过添加传感器的方式来进行动力学的测量与分析。

4.4.3 原子滑车的运动分析

4.4.3.1 速度分析

图 4 –25 为原子滑车在整个滑行过程中速度的大小变化情况，从图中可以看出原子滑车从起始点行驶至圆环底部时的速度达到最大值（约为 23.5m/s，即 85km/h）。从圆环底部运行至圆环顶部时速度逐渐减小为 16.5m/s，此时速度产生的离心力大于地球引力，所以原子滑车能够顺利通过圆环。由于原子滑车在轨道上往复运行了一周，因而前后两段速度曲线基本相同，最终原子滑车在站台上受到制动力而停止，速度为 0。虚拟样机的运行情况与实物样机相符，可以证明虚拟样机建模正确。

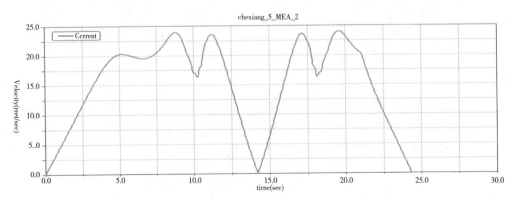

图 4 – 25 车辆的速度大小

4.4.3.2 加速度分析

图 4 - 26 表示原子滑车车辆的加速度大小变化情况。由图可知，原子滑车通过直立的环形轨道时，承受较大的加速度（约 5 ~ 7g），最大的加速度峰值出现在原子滑车运行到圆环底部的瞬间。在原子滑车进入站台后，受到制动力的作用，车辆在 X 轴方向上的加速度出现突变。

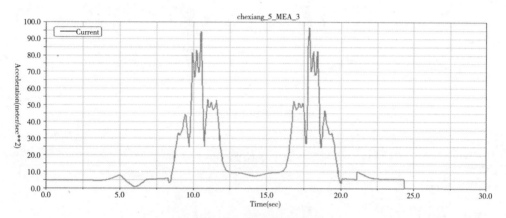

图 4 - 26　车辆的加速度大小

4.4.3.3　车辆间连接副的受力分析

图 4 - 27、图 4 - 28、图 4 - 29、图 4 - 30、图 4 - 31 分别表示连杆 1、2、3、4、5 的受力情况。各连杆达到圆环顶部时受力达到最大值。各连杆受力的最大值依次为：8000N、13000N、14500N、13000N、9000N。此外，原子滑车到达站台时，连杆的受力受制动力影响发生突变，以连杆 4 的突变值最大（约 18000N）。这是因为制动力的作用点在车厢 5 的后轮上，连杆 4 与车厢 5 相连。这样连杆 3 和 4 是危险构件。

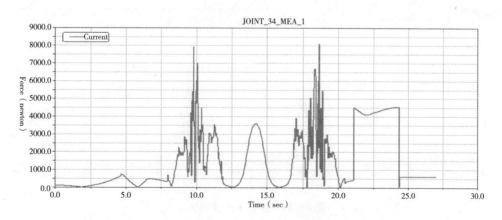

图 4 - 27　连杆 1 的受力情况

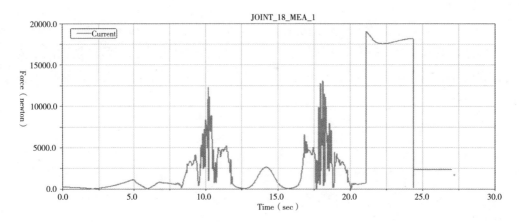

图 4 – 28 连杆 2 的受力情况

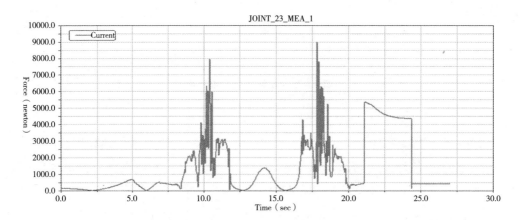

图 4 – 29 连杆 3 的受力情况

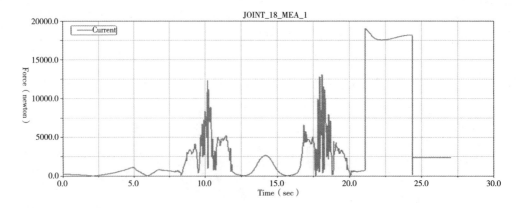

图 4 – 30 连杆 4 的受力情况

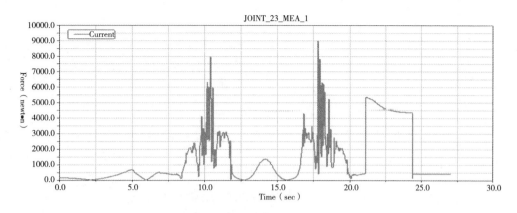

图 4 - 31　连杆 5 的受力情况

4.4.3.4　轨道对车轮约束力的分析

图 4 - 32 表示轨道对车轮约束力情况。原子滑车行驶至圆环小圆和大圆交点时，轨道对车轮约束力达到最大值。最大值为 82000N。所以，在轨道的结构设计中要在交点位置加支撑管，来增加轨道的强度。

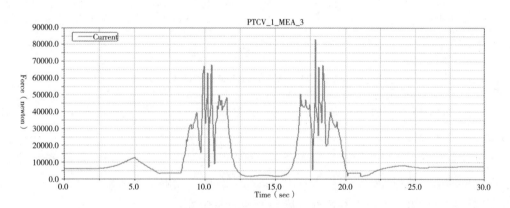

图 4 - 32　轨道对车轮约束力情况

4.4.3.5　摩擦力和制动力的分析

图 4 - 33 表示车轮受到轨道摩擦力的变化情况。摩擦力的大小和轨道对车轮的约束力大小成比例。比例为 0.0001，即摩擦系数为 0.0001。图 4 - 34 表示制动力的大小变化情况。从图 4 - 34 中可以看出，原子滑车在运行时，制动力为 0，只有当原子滑车到达车站位置时开始制动，制动力为 32000N，直到车辆静止时（即速度为 0 时），制动力变为 0。从车轮摩擦力和制动力大小变化情况和仿真效果来看，符合实际样机的特点，所以可以证明虚拟样机摩擦力和制动力的建模是正确的。

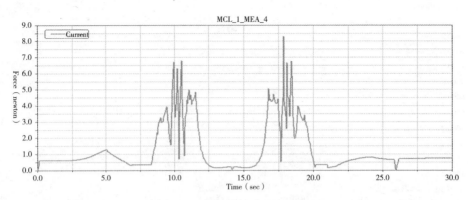

图 4 – 33　摩擦力的大小变化情况

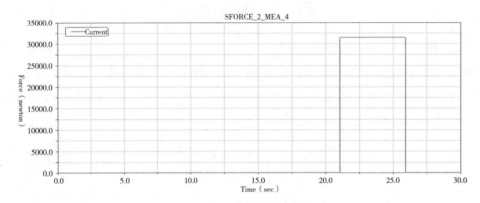

图 4 – 34　制动力的大小变化情况

运用 ADAMS 和三维建模软件，给出基于虚拟样机的原子滑车的轨道及车厢的建模方法，阐述轨道与车厢的约束方式，对原子滑车进行建模和仿真，获得车厢位移、速度、加速度曲线，为其优化设计、安全性评价提供依据，为其在不同因素下进行测试、实验提供模型。使用虚拟样机技术对滑车的仿真分析，能够减少或避免重大设计失误，从而降低研制成本，缩短研制周期，提高设备的安全性。

利用虚拟样机来代替实物样机对产品进行创新设计测试和评估，可以直观地分析出原子滑车车辆的速度、加速度和连接副的受力情况，以缩短产品开发周期，降低产品开发成本，改进产品设计质量，提高了企业面向客户与市场需求的能力。

5　基于特征的特种机电设备数字化
　　设计平台研究

5.1　概　述

面向特种机电设备功能、构造的日益复杂，面向用户需求日益个性化，市场竞争越来越激烈，促使企业在着手进行新产品开发时把面向产品的创新性、外观造型、人机工程等设计理念提高到了一个新的高度，从而也迫切要求对产品设计的研究能有进一步的突破，传统的设计技术、制造技术和检测技术很难适应现代特种机电设备的需求。

目前，市场需要特种机电设备的设计周期尽可能缩短，同时需要提高设计效率，保证设计质量，减少设计缺陷和保证设备的安全运行。研究特种机电设备的数字化设计平台对于实现设计产品的快速研发，减少因为制作物理模型所耗费的人力、物力和时间，降低设计和制造费用，保证产品一次开发成功，提高设计重用率，提高产品研发和维护管理水平具有重要意义。

典型的特种机电产品——原子滑车结构复杂，零部件数目较多，传统的产品设计过程过于依赖设计者的经验，尤其是对于相似产品的设计，重复计算、建模等工作量很大，另外，标准件重复造型的问题也一直困扰着产品开发人员，这些都严重影响原子滑车的设计质量和效率。

基于特征的参数化设计的理念正是解决这一问题的有效途径。利用参数化技术进行设计、修改非常方便，用户构造几何模型时集中于概念和整体设计，可充分发挥设计者的创造性，提高设计效率。

5.1.1　特种机电设备参数化特征造型技术简介

5.1.1.1　特征的定义及分类

1. 特征定义

特征（Feature）是 20 世纪 80 年代中后期为了表达产品的完整信息而提出的一个

新的概念。设计者对设计对象的功能、形状、结构、制造、装配、检验、管理与使用信息及其关系等具有确切的工程含义的高层次抽象描述，是产品描述信息的集合。它能携带和传送有关设计和制造所需要的工程信息。对于机械制造领域，非几何信息包括尺寸与公差、表面粗糙度、材料与热处理、刀具、夹具和机床等信息。

特征定义有两种方法：一种是预定义方法（Pre—definition），另一种是后定义方法（Post—definition）。

预定义指的是先定义特征再产生几何图素。用户直接定义特征，系统根据输入的特征参数生成组成特征的几何元素（面或实体）。改变特征的参数，则几何元素随之修改。该方法多用在结构设计阶段。制造特征与一定工艺过程相对应，与设计特征有共性也有差异，它更适合用后定义（Post—definition）方式来实现。即先定义几何图素后定义特征。后定义方法分为自动式和人机交互式。自动方式是由系统自动分析一个零件，完全用几何图素来描述零件，然后生成特征，这种特征自动识别方法是一种理想的特征定义方法，但是难度很大。人机交互是更为现实和灵活的方法。它定义一个特征的过程是用户先选择某些要定义的特征（例如，孔），然后选择这种特征的更详细的子类（例如，直通孔），再通过交互方式指明组成孔的几何元素（在二维图上可以是一个圆），最后输入特征参数（如孔的深度和精度等）。

2. 特征分类

不同的应用领域和不同的对象，特征的抽象和分类方法有所不同。在机械产品中，将构成零件的特征分为六大类。

（1）形状特征：用于描述产品、零件上有一定拓扑关系的一组几何元素所构成的几何形状信息。形状特征可分为主要形状和辅助形状特征，其中主要形状特征用于构造零件的基本形状，辅助形状特征用于对主要形状特征的补充（螺纹孔、倒角和中心孔等）。辅助形状特征附加于主要形状之上或附加于另一辅助特征之上。

（2）精度特征：描述零件几何形状、尺寸的许可变动量的信息集合，包括公差和表面粗糙度。

（3）材料特征：用于描述产品、零件材料的成分、物理化学指标、热处理方法与条件及加工工艺性等。

（4）技术特征：用于描述产品、零件和特征的性能、工艺要求、功能等信息。

（5）管理特征：用于描述产品、零件和特征的管理信息，例如，标题栏中的零件名称、图号、设计者、日期、批量和质量等信息。

（6）装配特征：用于描述零件之间、特征之间的装配关系、装配方向、配合表面、装配顺序、装配工具和装配工艺要求等信息。

5.1.1.2　基于特征的参数化技术

参数化（Parametric）设计（也叫尺寸驱动，Dimension – Driven）是 CAD（Computer Aided Design）技术在实际应用中提出的课题，它不仅可使 CAD 系统具有交互式绘图功能，还具有了自动绘图的功能。用户可以在原有设计的基础上通过尺寸参数的简单赋值来完成新的设计，目前它是 CAD 技术应用领域内的一个重要的不断发展的课题。

零件上的特征主要通过参数和几何约束相互关联。参数化技术允许设计者在创建特征时灵活地定义特征尺寸标注，并且在特征尺寸间通过方程式建立数学关联。其中被约束的尺寸称为参考尺寸，而起驱动作用的尺寸为驱动尺寸。尺寸间的关联可以是模型内部尺寸或设计者自行定义的各种外部参数间的关系。设计者可以通过修改驱动尺寸修改模型，由系统自动求解其他尺寸值，这种技术被称为尺寸驱动技术。

产品的描述是形状特征的集合，产品的描述包括特征构成的描述和参数化变量的描述，产品的几何模型实质上由许多几何体元素构成，几何体元素可以是实体、曲面或线框模型。

约束通常可分为几何约束和工程约束两大类。几何约束包括结构约束（也称拓扑约束）和尺寸约束。结构约束指对产品结构的定性描述，它表示几何元素之间的拓扑约束关系，如平行、垂直、相切、对称等，进而可以表征特征元素之间的相对位置关系。

通常，在特征形状确定之后，这种联系是不允许发生变化或修改；或由用户交互式指定。尺寸元素是特征几何元素之间相互位置的量化表示，是通过尺寸标注的约束，如距离尺寸、角度尺寸、半径尺寸等。尺寸约束是参数化驱动的对象，尺寸约束不仅可以变动，而且需要标注和显示。工程约束是尺寸之间的约束关系，包括制造约束关系、功能约束关系、逻辑约束关系等，通过人工定义尺寸变量及它们之间在数值上和逻辑上的关系来表示。基于特征的参数化建模定义如图 5 – 1 所示。

基于特征的参数化技术的主要特点是基于特征、全尺寸约束、尺寸驱动设计修改、全数据相关、交互操作。

（1）基于特征：将某些具有代表性的平面几何形状定义为特征，并将其所有尺寸存为可调参数，进而形成实体，以此为基础来进行更为复杂的几何形体的构造。

（2）全尺寸约束：将形状和尺寸联合起来考虑，通过尺寸约束来实现对几何形状的控制。造型必须以完整的尺寸参数为出发点（全约束），不能漏注尺寸（欠约束），不能多注尺寸（过约束）。

（3）尺寸驱动设计修改：通过约束推理确定需要修改某一尺寸参数时，系统自动检索出此尺寸参数对应的数据结构，找出相关参数计算的方程组并计算出参数，驱动几何图形形状的改变。

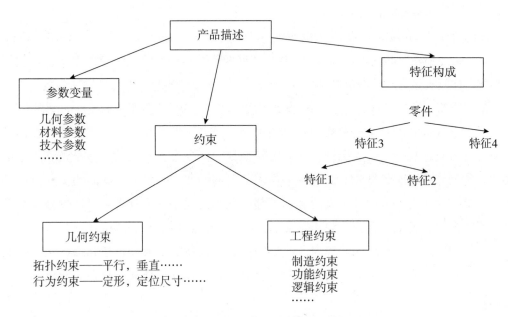

图 5－1　基于特征的参数化建模定义

（4）全数据相关：尺寸参数的修改导致其他相关模块中的相关尺寸得以全盘更新。采用这种计算的理由在于：它彻底克服了自由建模的无约束状态，几何形状均以尺寸的形式牢牢地控制住。如打算修改零件的形状时，只需编辑一下尺寸的数值即可实现形状上的改变。

（5）交互操作：能够检查出约束条件不一致，即是否有过约束和欠约束的情况出现。算法可靠，即当给定一组约束和物体的拓扑描述后能够解出存在的解。交互操作的求解速度要快，每一步设计操作都能得到及时的响应。在构造形体的过程中允许修改约束，能适用于二维和三维几何造型的需要，能处理常规 CAD 数据库中的图样，必要时允许人工干预。

5.1.2　利用 Pro/Engineer 开发参数化特征库

在复杂机电产品设计中，所用到的零件大致可以分为三类：第一类是产品独有的新构件，这类零件在产品中出现的次数少、重复程度低、结构形状差异大，是设计人员根据产品的功能从无到有设计出来的；第二类是标准件，如键、轴承、螺栓等；第三类是常用件，如齿轮、蜗轮等。这些零件在进行参数化特征设计时采用不同的方法。

Pro/E 在提供强大的设计、分析、制造功能的同时，也为用户提供了多种二次开发工具。常用的有族表（Family Table）、Pro/PROGAM、Pro/TOOLKIT 等。

这些开发工具具有不同的功能和特点，分别用来开发相应的应用系统或组件，从不同的角度扩充 Pro/E 系统的使用功能。在机械零件参数化特征模型的开发中，同样可以利用这些开发工具的特点，在不同的层次上进行有针对性的开发，以互为补充的方式组成一个完善的参数化特征库系统。

5.1.2.1 族表在参数化标准件库开发中的应用

族表（Family Table）是 Pro/E 中的一个利用表格来驱动模型的工具，是一组形状相似的零件或组件的集合。主要用于零件或组件的系列化设计，通过族表可以方便地管理具有相同或相近结构的零件，特别适用于标准零件的管理。例如，螺栓、螺母、轴承及夹具等标准件和通用件的系列化设计，利用族表可以建立标准件库。

1. 族表建模的步骤

（1）首先由 Pro/E 建立所需的零件模型，并标注相关尺寸；

（2）用户将事先定义好的零件的可供驱动的尺寸参数、特征、模型等放入表格中，这个零件被称为原始样本零件；

（3）用户在表格中输入新的参数值就可以创建一个新的零件，这个零件称为一级子零件；

（4）子零件同样可以被保存和修改，也可以作为父零件通过修改族表衍生下一代子零件；

（5）如果进行大批量的修改和子零件的建立，可以将整个族表通过电子表格 Excel 来管理，称为表格驱动，这样可以提高设计效率和减少出错。

2. 零件族表的特点

（1）使用族表必须定义完整的零件模型，不适用于某个特征或特征组合；

（2）通过修改族表的参数可以产生大量的子零件，也可以根据需要生成所需的单个零件模型；

（3）可以直接从族表中输入数据生成各种尺寸的相似零件，而无须重新构造零件模型，避免了重复劳动。

（4）利用族表和添加关系进行模型的参数系列化设计的主要优点是不用编程，简单易用，缩短设计周期。缺点是仅适用于结构简单的零部件，如标准件。

5.1.2.2 Pro/Program 在常用件参数化建模中的应用

Pro/Program 是一个程序化的工具，利用它可以实现零件的自动化设计，实现装配中零部件的自动装配、自动替换，零部件的自动抑制等。从 Pro/Engineer 的菜单"工具/程序"中，单击菜单管理器中的"编辑设计"选项，系统便打开一个后缀为 .pls 的记事本文件，它记录着模型产生的步骤和条件，包括所有特征的建立过程、参数、尺寸和关系式等模型信息，主要由五部分顺序构成：程序标题、输入提示信息、输入关系式、添加特征、质量性质。

Pro/Program 的建模特点

（1）可以创建形状比较复杂，而结构类似、重复出现率较高的一些零件，如齿轮、凸轮、涡轮蜗杆等复杂零件。

（2）程序编写应与特征造型交替进行，以增加参数与特征结构细节的联系和针对性，同时也方便逐步调试。

（3）一定要在模型中指定参数，而且程序中的变量名称要与参数名称一致，或者建立对应关系。

（4）通过添加条件语句，控制零件形状和种类的增加或改变。

5.1.2.3 Pro/TOOLKIT 在参数化建模的应用

Pro/TOOLKIT 是 PTC 公司为 Pro/ENGINEER 软件提供的开发工具包，它为用户或第三方软件商提供了一个庞大的 C 语言函数库，该库提供了 Pro/ENGINEER 软件大量的底层函数，可利用 C、VC＋＋等高级语言来扩充 Pro/E 系统的功能，开发基于 Pro/E 系统的应用程序模块，使用户编写的应用程序能够安全地控制和访问 Pro/E，实现应用程序模块与 Pro/ENGINEER 系统的无缝集成，还可以利用 Pro/TOOLKIT 提供的 UI（Uner's Interface）对话框、菜单以及 VC＋＋的可视化界面技术，设计出方便、实用的人机交互界面，以提高系统的使用效率。在进行三维产品的设计时，还可利用设计参数来控制三维模型，实现产品设计参数化。

1. 基于 Pro/TOOLKIT 三维参数化设计有两种开发方法

（1）应用特征描述法利用 Pro/TOOLKIT 提供的底层函数完成特征建模，并建立人机对话框，实现三维参数化设计，此方法程序设计烦琐，对于形状复杂的产品来说，用程序来生成三维模型非常困难。

（2）采用三维模型与程序控制相结合的方式，基本过程为在 Pro/E 环境下利用交互方式生成三维模型，然后在已创建的零件的三维模型的基础上，根据零件的设计要求建立一组可以完全控制三维模型形状和大小的设计参数。参数化程序针对该零件的设计参数进行编程，实现设计参数的检索、修改和根据新的参数值生成新的三维模型的功能。此种方法可以生成形状复杂的产品模型，编程相对来说较简单。实现过程，如图 5-2 所示。

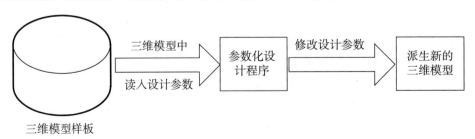

图 5-2 基于三维模型的参数化设计实现过程

2. Pro/TOOLKIT 的开发流程

（1）编写资源文件。

源程序编写指的是用于生成控制程序流程的编写，从总体来说，Pro/TOOLKIT 应用程序主要包括三部分：头文件、主程序、自定义函数。

头文件：每个 Pro/TOOLKIT 应用程序必须包含 Pro/TOOLKIT. h，放在所有文件之前。

主程序：Pro/TOOLKIT 应用程序的主程序必须包含 User_ initialize （） 和 User_ terminate （） 两个接口函数，它们都是由开发者编写，由主程序调用。函数 User – initialize （） 由主程序在启动时调用，也是二次开发程序的唯一入口，它运行程序初始化操作，一般是对环境菜单和菜单项所对应的函数做出定义。函数 User terminate （） 由主程序在退出时调用，如释放内存、提示信息等善后处理可在此函数中编写。在 Pro/E 会话结束时被调用。

自定义函数：这是用户自己编写的部分，对应 Pro/E 界面上添加菜单中按钮的动作，这些动作通过函数来实现。

（2）程序的编译和连接。

根据 Makefile 内容对源文件进行编译和连接工作，并最终生成可执行文件或 DLL 文件。采用 VC + +6.0 作为 Pro/TOOLKIT 调试器有两种方法，一种是根据 Makefile 文件直接编译和调试程序；另一种则不需要编写 Makefile 文件，直接由 VC + +6.0 建立 Pro/TOOLKIT 应用程序项目，并进行编译和连接工作。

（3）应用程序的注册和运行。

编译连接成功生成的可执行程序必须在 Pro/E 中进行注册才能运行。注册 Pro/TOOLKIT 应用程序，就是建立起 Pro/E 系统与该程序的关联，即提供 Pro/E 此应用程序的可执行文件的位置、菜单资源文件和对话框资源及信息资源文件的位置以及此程序所依据的 Pro/TOOLKIT 的版本信息等。为此，需要编写一个应用程序注册文件，其作用就是在应用程序的注册完成以后，提示 Pro/E 开始运行该程序。

以上，通过对 Pro/E 的族表、Pro/Program、Pro/TOOLKIT 开发技术的功能特点和局限性的比较和验证，指出了各个开发工具在参数化特征库的建立中所能完成的任务，通过相互补充，联合应用，可以较大地提高建库效率。

5.2　特种机电设备参数化图库开发的关键技术

5.2.1　参数库应具有的功能

参数化特征库应该具有丰富的特征类型，方便直观、符合人性化的操作界面，以及与Pro/E的无缝集成，实现快速的信息传递和安全可靠的控制，提高建模效率。因此，它应具有以下功能。

（1）特征种类齐全。应包括通用零件上具有的孔、台、筋、槽、螺纹、齿形、倒角等结构特征，特征种类越多，建模效率越高。

（2）建模步骤明显简捷，可以摆脱原系统建模步骤的束缚。

（3）具有数据检查功能，对于不合适的数据或造成特征失败的用户数据进行屏蔽和反馈。

（4）能够对特征进行动态修改和调整。

（5）界面形象直观。操作界面应使用对话框，图文并茂，界面布局合理，并提供动态导航功能，使用户在众多的特征库中快速挑选出所需要的特征。

（6）资源具有开放性和可扩充性。不同类型的特征在特征库中处于平行地位，应允许卸掉不同的特征子库或装入其他的特征子库。

（7）函数化。在不同种类的特征子库或同一子库但不同尺寸的特征库中，往往具有许多相同或相似的功能，如选择集的操作、对话框常用栏目的处理、绘图环境的设置等都应使用通用函数的形式来完成。

5.2.2 参数化特征库的系统结构及内容

按照系统开发原则，参数化特征库系统应具有如图5-3所示的层次结构。

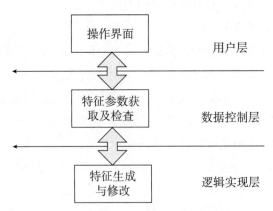

图5-3 参数化特征库的层次结构

用户层：用户在Pro/E平台上通过开发的操作界面对特征库进行操作，包括选择子库及子库中的特征元素、浏览特征元素的基本形状、通过键盘和鼠标输入基本参数或指定建模基准等。

数据控制层：获取、检查并保存用户提供的参数数据，以备逻辑层操作时调用。

逻辑实现层：逻辑实现层是整个系统的核心，通过API接口部件，响应客户应用层的请求并给予处理，并从数据控制层调用数据，按照系统内部特征生成机制重构模型并将造型结果输出到屏幕上供用户评估。

5.2.3 动态链接库（DLL）基本理论

目前，利用 Microsoft Visual C＋＋提供的 MFC（Microsoft Foundation Class）开发人机交互界面是常有的方法，它能向用户提供图形与文字共存的可视化环境，使操作更为自然、简便和快速，并且设计、调试及修改都比较方便，技术也比较成熟。但是，Pro/TOOLKIT 并不提供对 MFC 的支持，因此不能直接应用 MFC 对话框，必须运用通信方式实现在 Pro/TOOLKIT 中调用 MFC。在 Pro/TOOLKIT 与 MFC 对话框中可采用动态链接库（DLL）方式通信。

动态链接库（DLL）是建立在客户/服务通信的概念上，包括若干函数、类或资源的库文件，函数和数据被存储在一个动态链接库（服务器）上并由一个或多个客户导入而使用，这些客户可以是应用程序或者是其他的动态链接库。Pro/TOOLKIT 与 MFC 对话框中采用 DLL 方式通信的调用关系如图 5 – 4 所示。

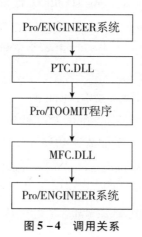

图 5 – 4　调用关系

5.2.4　数据库接口技术

在产品设计中，设计参数具有从上到下的传递功能，在总体设计阶段确定的参数将传递到下面的部件设计或零件设计中，所以，设计参数管理系统首先要建立设计参数的数据库，这是设计正确性的充分保证；其次是能实现对设计参数数据库进行输入、修改、存储、调用、追加等功能的统一管理，即可实现从数据库中读取数据，修改数据库中的数据，并根据产品设计的需要可在原有数据文件中追加若干参数的记录，还可在数据库中增加多个数据文件等功能。

在机械设计过程中一般需要查询相当多的数据资料，零件库系统中可以利用数据库技术，把零件的机械性能、精度等参数保存在数据库中，供需要时查阅，从而方便零件的设计，提高设计效率。

Aceess 数据库是 Microsoft 公司在 Office 中推出的数据库编辑程序，开放式的数据库连接 ODBC（Open Data Base Connection）是 Microsoft Windows 开放服务体系（WOSA）的一个组件，它提供了一整套的应用程序接口（API）函数，使开发人员可以方便地同许多数据库格式相连。

Pro/TOOLKIT 与数据库接口技术如图 5 – 5 所示。

图 5 – 5 数据库接口方案

5.2.5 用户界面技术

菜单是 Pro/E 的主要用户界面，Pro/TOOLKIT 提供了一系列操作函数，允许应用程序创建和管理菜单。菜单栏位于 Pro/E 系统窗口的顶部，菜单栏中所有的类别都列成一行，用户选中某个类别，它的下面就拉出一个菜单，菜单中一系列菜单项用以激活各种功能。

菜单条是 Pro/E 菜单系统的最顶层菜单，创建的方法是：直接调用 ProMenubarAdd（）函数向 Pro/E 添加所需的菜单。根据需要也可通过函数 ProMenubarmenuAdd（）在已经存在的菜单栏菜单上添加子菜单，如果在下级子菜单中添加菜单项，则不会显示下级子菜单。菜单按钮通过调用 ProMenubarmenuPushbuttonAdd（）来实现，实现按钮的功能须将该按钮和命令捆绑在一起，该命令调用某个函数实现按钮功能，在 Pro/TOOL-KIT 中，完成命令添加的函数是 ProCmdAction（）。

5.3 基于特征的原子滑车数字化设计平台构建

5.3.1 原子滑车数字化设计平台总体设计方案

根据原子滑车设计要求：轨道总长 276m，轨道占地长度为 200m；运送的小车一列 6 辆，每辆 700kg，乘客 24 人，运行最高速度达到 85km/h。原子滑车的主要结构部件可以划分为轮桥、车架、连接器、车厢和轨道等几个模块。

在原子滑车各零部件按照强度、刚度、寿命要求完成优化设计的基础上，得到相关的优化参数和零部件之间的相互关系。在 Visual C + + 6.0 集成开发环境中，利用

Pro/TOOLKIT 对 Pro/ENGINEER 进行二次开发，并结合 Access 数据库管理技术，建立一个与 Pro/E 系统集成的原子滑车三维特征参数设计系统。

5.3.1.1 原子滑车数字化设计平台总体设计思路

原子滑车数字设计平台主要由标准件、非标准件、典型零部件系统三部分组成。每个系统在逻辑上采用三层框架结构，即用户界面层、事务处理层和数据库层，如图 5-6 所示。

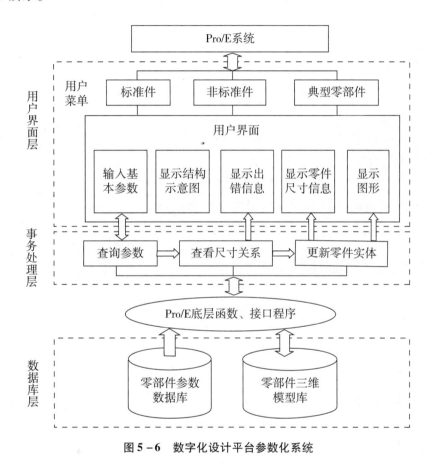

图 5-6 数字化设计平台参数化系统

用户界面层提供图文并茂的用户操作界面，通过与用户交互输入设计参数，或显示图形及其尺寸信息等。

事务处理层是 CAD 的功能执行中心，完成复杂参数的计算、生成三维实体等，或者向数据库服务器发送指令，通过应用接口层相关编码的处理完成相应的数据操作（如数据的查询、更新等），并将计算或操作的结果逐级返回给用户界面层。

数据库层是 CAD 的核心，因为它要实现数据图表的查询和 Pro/E 模型的检索。数据处理层将对对象的操作（也即数据处理层的请求）实际转化为对数据的操作，执行指令语句并返回相应的数据。

5.3.1.2　系统的开发步骤

（1）初始零件模型的构建。在 Pro/E 环境下，采用交互式设计的方法，建立原子滑车各类标准件、非标准件、典型零件实体模型，设置所需的设计参数、命名并赋初始值，添加合理的参数驱动关系，调试无误后，存储模型在相应的路径下，作为参数化设计系统的原始模型。

（2）设计参数数据库的建立。在 Access 中建立各类模型样板对应的设计参数数据库，每一个数据库由数据表组成，以存放不同型式的标准件和常用件数据。设计参数分为几何参数和非几何参数两种。前者如实体大小与位置尺寸等数值型参数，后者是表明结构特征以及一些数据控制和标记作用的代码，如零件材料、零件号、轴承型号等非数值型参数。

（3）用户交互界面的开发。利用 VC＋＋中的 MFC 资源和编写 Pro/TOOLKIT 对话框资源文件相结合的方式，设计系统的用户交互界面。

（4）Pro/TOOLKIT 接口程序的设计。在 VC 集成开发环境下设计系统应用程序，经编译生成 DLL 可执行文件后，在 Pro/E 中注册并运行，实现 VC 程序与 Pro/E 的数据通信，从而完成系统的开发。

5.3.2　原子滑车零部件模型库的建立

Pro/E 是一个全参数化和基于特征的系统，其零件模块（part）具有丰富的三维实体造型手段，组合件模块（Assembly）能建立复杂的组装基准模型，且建立的模型为参数驱动的三维模型，便于用户修改设计。建模技术采取自下而上的方式进行，根据建立特征的先后顺序和功能，可将特征划分为主特征、辅特征和修饰特征，主特征也就是基体特征，辅助特征和修饰特征都是添加在主特征之上的。其建模过程如图 5－7 所示。

首先，根据设计方案进行概念设计，完成概念设计后对零件按功能进行结构分析，将零件分解成多个特征的组合，同时将特征划分为主特征、辅特征和修饰特征，确定建立特征的先后顺序。建模时可以在主要特征基体上任意进行特征的添加、修改或删除，很方便地完成零件的虚拟建模。由于基于统一数据库管理，进行修改后，所有包含该模型的模型都相应地进行变化。辅特征有切削、开孔、键槽、退刀槽、过渡圆角等，它们用于对主特征的局部修改，并附加于主特征或另一辅特征之上。

其次，按照特征建立的顺序，逐步完成特征的建立，就可以生成零件虚拟模型了。

最后，对零件模型进行修饰，包括颜色、光照、渲染和特殊效果处理等操作，使零件模型更加美观，更加真实。

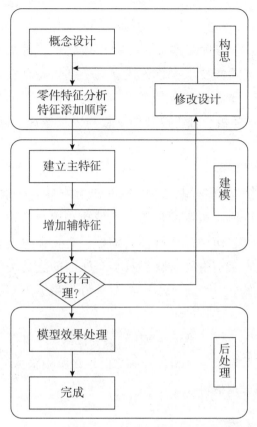

图 5 - 7 原子滑车零件特征建模过程

原子滑车的零件库由标准件、非标准件、典型部件模型库三个模块组成,每一模块又包含不同的零件。

5.3.2.1 原子滑车零部件的特征建模

原子滑车结构可以划分为轮桥、车架、连接器、车厢和轨道等几个主要模块。

在 Pro/E 环境用人机交互方式建立三维模型特征样板,特征模型的创建时,对二维截面轮廓,利用尺寸标注和施加相切、同心、共线、垂直及对称等关系实现对几何图形的全约束。

轮桥与车架相连,其主要作用是转向和承重,以及在运动过程中的减振。轮桥相当于汽车的底桥,它包括车轮、轮架以及桥壳。但原子滑车的轮桥又与汽车的底桥有很大差异,主要是考虑到原子滑车在轨道上行驶过程中时而加速俯冲、时而冲顶滑行,通过垂直立环,速度不断发生变化,并且运动期间会有很大的冲击和振动,这就要求所设计的轮轴必须能在不同的情况下承受不同的力,因此需要从三个方向设计三组轮轴,以实现原子滑车的安全运行。轮轴是独立部件,要设计轮轴必须先设计其支撑架——轮架。

（1）轮架的建模。

轮架是用来支撑轮轴的，它与桥壳连接在一起构成轮桥，再与车架由轴和轴承连接。根据设计方案和实现功能要求，首先建立一个基体特征，然后在基体特征的基础上添加和修改特征，如添加凸台、倒圆等辅助特征。轮架是由支撑轮轴的套管、定位套、轮架梁、加强板、轴管以及侧支板和内板组成。图5－8为轮架零件模型。

（2）轮轴的建模。

根据原子滑车所要实现的运动情况，将轮轴设计为三种，分别是承重轮轴、侧导轮轴和侧挂轮轴。承重轮轴起承重的作用，并带动车体在轨道上行驶。侧导轮轴是导向和承受转弯时的离心作用。而侧挂轮轴是一个类似安全轮的作用，在小车翻越圆环时由于离心力的大小不同，轨道对小车施加的支持力的方向就随之不同。为防止当离心力比小车重力小时，小车会在重力作用下下落，就设计了侧挂轮轴。

使用与轮架相同的建模方法，可以建立承重轮轴的零件模型，如图5－9所示。承重轮轴由大滑轮、支撑大滑轮的轴以及大滑轮与轴之间连接所用轴承组成，另外还包括了防尘圈、端盖和罩，以满足轴承的润滑要求。

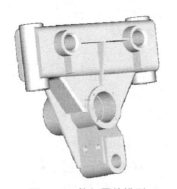

图5－8　轮架零件模型

图5－9　承重轮轴零件模型

侧导轮轴的强度要求没有承重轮轴大，所以轮的尺寸比承重轮轴的轮尺寸小，轴的尺寸也比承重轮轴小。零部件的设计与承重轮轴相同，包括小滑轮、支撑小滑轮的轴以及小滑轮与轴之间连接所用轴承，同样也必须有防尘圈、端盖和罩，以满足轴承的润滑要求。侧导轮轴的零件模型如图5－10所示。

侧挂轮轴的零部件与侧导轮轴非常相似，只是轴比侧导轮轴的轴短，如图5－11所示。

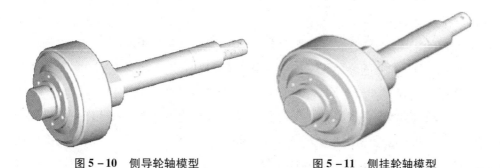

图 5 - 10 侧导轮轴模型   图 5 - 11 侧挂轮轴模型

（3）桥壳的设计。

桥壳是由多个面板组成的壳体。两端通过半轴与轮架相连接。其中，桥壳的骨架主要起支撑作用，相当于一根梁；中心套则用来装与车架连接的轴；四个轴管用来支撑和固定轮架的半轴；其余的面板等零部件起到罩的作用，并且用以支撑和防尘。桥壳的零件模型如图 5 - 12 所示。

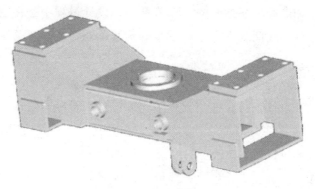

图 5 - 12 桥壳零件模型

桥壳的空间尺寸是否符合设计的要求，需要进行不断的修改，由于采用参数化、统一数据库管理等技术，可以根据设计的要求任意进行修改操作，修改后的模型将在所有包含该文件的模型中体现。验证尺寸参数是否合理，一个重要的指标就是能否顺利地完成零部件的装配，因此需要对零件模型的可装配性进行检验，也可以将这检验过程称作机构静态干涉检验。

5.3.2.2 零部件参数的确定

在基于特征的参数化建模过程中，需要正确设置控制三维模型的设计参数。设计参数可分为两种情况：一种是用来控制三维模型尺寸和拓扑关系的与其他参数无关的驱动参数；另一种是与其他参数相关的非驱动参数，可用以驱动参数为自变量的关系式表示。参数化设计程序采用的是第一种设计参数，以驱动三维模型的再生。

正确建立设计参数与三维模型尺寸变量之间的关联关系。在 Pro/E 中创建草图、加减材料和其他修饰特征时，系统将会以 d_0，d_1，d_2 等默认的符号给特征的约束参数命名。系统的约束参数命名由 Pro/E 系统自动创建，其值控制三维模型的几何尺寸和拓扑关系，与用户建立的参数无关。要使用户建立的设计参数能够控制三维模型，必须使两者关联。

在原子滑车设计中很多零件是标准件，这些零件在设计中经常用到，并不需要用户自行设计，对于这些标准件的参数，国家标准都有严格的规定。所以对标准件而言，参数的确定与国家标准保持一致即可。原子滑车设计中也有很多的零件是非标准件。对于这些零件，若零件上存在标准结构，如螺纹孔、键槽等，必须按国家标准确定参数，而其余参数的确定则由零件的具体设计要求决定。合理确定的参数应该对零件构成完备约束，即在这些参数基础上可以顺利完成零件的设计，而不能是欠约束或过约束。在 Pro/E 中按所确定的零件参数建立零件模型后，可以方便地验证约束的完备性。

下面以轮轴零件为例详细介绍。原子滑车的轮轴由很多零件组合而成，不是每个参数都是独立变化的，真正独立变化的参数只是少数。在分析原子滑车轮轴实际设计过程中，发现各参数之间存在紧密的内在联系，在设计过程中是根据性能要求设计并计算出一些关键参数，在此基础之上再逐步确定其他所需参数。关键参数直接由性能要求计算而得，随性能要求的变化而改变，并不受其他参数的影响，决定着原子滑车零件装配约束；另有一些参数，它们通过关键参数的运算组合而得，其值随关键参数值的变化而变化，在设计中对这些参数是不允许设计人员随意修改的，这类参数是次要参数，往往只影响零件的细部结构；还有一些参数，在整个设计过程中是不变的，是零件中一经设计确定以后不再改变的参数，这些参数是常量参数。

轮轴一般由盖、挡板、罩、垫圈、螺母、轴等零件装配而成。垫圈、螺母、轴为标准件，按照国家标准提取参数，其中把公称尺寸作为驱动尺寸。设计者可以根据需要修改所需标准件的公称尺寸（驱动尺寸），系统就会自动检索出与此尺寸参数对应的数据结构，找出相关参数计算的方程组并计算出参数，驱动几何图形形状的改变。现以螺母为例说明。如图 5-13 所示。

其中图 5-13 所标 D 为螺母公称尺寸，即为驱动尺寸。只要修改 D 值，系统就检索与此相对应的数据，来达到其几何图形形状的改变。

对于原子滑车中的非标准件的参数提取方式与标准件参数提取方式不同。下面以盖为例进行说明。如图 5-14 所示，盖的各个参数都为相对独立，需要提取后续设计所需的参数。根据具体分析决定提取 D_0、D_1 及其孔数 N 为关键参数。同样，原子滑车的其他零件都可以按照这个原则来提取参数。

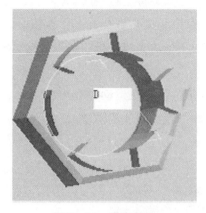

图 5-13 螺母参数

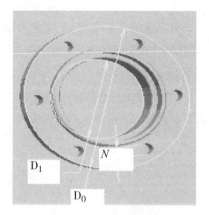

图 5-14 盖模型参数

经过对零件参数的初步确定，并对其进行分析，从中甄选出关键参数、次要参数和常量参数，再根据一定的准则确定参数间的关系，零件合理的参数才真正确定。这样的参数，不但可以满足零件参数化设计的要求，而且为进行原子滑车的整体参数化设计奠定了基础。

5.3.3 原子滑车部件装配模型库的建立

虚拟装配设计是对装配设计的技术革新，利用虚拟外设把装配设计的过程自然地扩展到三维空间。装配模型主要表达两部分信息：一是零件及子零件的实体信息；二是零部件间的相互关系信息。

虚拟装配的模式：

（1）Top - down（自顶向下）。设计从产品功能出发，选用一系列的零件去实现产品的功能；先设计出初步方案及结构草图，建立约束驱动的产品模型；通过设计计算，确定每个设计参数，然后进行零件的详细设计，通过几何约束求解将零件装配成产品。这种设计过程能充分利用计算机的优良性能，最大限度地发挥设计人员的设计潜力。同时又能反映真实的设计过程，节省不必要的重复设计，提高设计效率。

（2）Bottom - up（自底向上）。主要思路是先设计好各个零件，然后将零件一起进行装配，通过添加装配约束将各个零件组合成装配体。优点是可以充分利用先前的设计资料，使设计工作从一个较高的层次开始，从而有效地避免重复设计的工作，缩短设计周期。

5.3.3.1 原子滑车部件装配及干涉检验

原子滑车的装配是采用自顶向下和自底向上相结合的方式。一方面对车体的整体造型进行设计，另一方面将已经设计好的车架、连接器等进行装配。

对原子滑车进行虚拟装配，并在装配的过程中对机构进行静态干涉检查，一旦发现有干涉问题，立即返回到零件模型中进行修改，最后完成整机的虚拟装配模型。

1. 轮桥的虚拟装配

轮桥与车架相连，其主要作用是转向和承重，以及在运动过程中的减振。桥壳两端连接装上轮轴的轮架从而构成轮桥，图 5 – 15 为轮桥的装配模型。

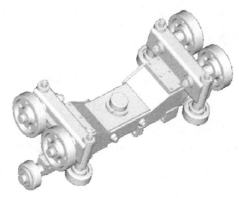

图 5 – 15　轮桥的装配模型

2. 车架的虚拟装配

车架直接与车身相连接，车身及乘客的重力直接作用在车架上。车架就是在架体的基础上装配与轮桥连接的轴和轴承，以及安全环和制动板。而架体则是在底梁的基础上装配支撑车体的钢板和支架，其中零件底梁是车架的重要支撑。车架有三种类型，分别是首车车架、牵引车车架和尾车车架。图 5 – 16 为首车车架的装配模型。

图 5 – 16　首车车架的装配模型

3. 连接器的虚拟装配

连接器是用来连接车架的。分为一般连接器和尾部连接器两种。一般连接器的零件主要有连接杆、连接叉、销轴和一些垫圈及螺母。尾部连接器和尾车连接，并与轮桥连接在一起，主要起到支撑尾车的作用。尾部连接器的零件主要有连接杆、连接体和一些螺母、垫圈及轴承。图 5 – 17 为一般连接器的装配模型，图 5 – 18 为尾部连接器的装配模型。

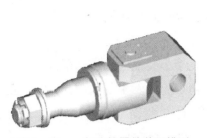 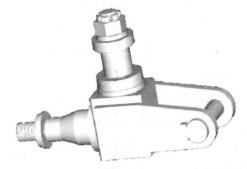

图 5 – 17　一般连接器的装配模型　　　图 5 – 18　尾部连接器的装配模型

4. 车厢的虚拟装配

车厢的零件主要有外壳、防护栏、安全臂、活塞缸和座椅等，图 5 – 19 为车厢的装配模型。

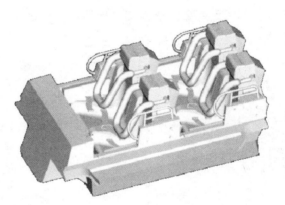

图 5 – 19　车厢装配模

5. 轨道的虚拟装配

设计的原子滑车轨道为单环往返式，包含一个竖直环。轨道是两根直径为 140mm 的钢管，支撑管是一根直径为 351mm 的钢管。圆环部分有弧形梁和弧形梁柱支撑，其余部分由轻枕和支架支撑。图 5 – 20 为轨道的装配模型。

图 5 – 20　轨道的装配模型

6. 虚拟模型的静态干涉检验

零件尺寸参数的设计是否正确、合理，其中一个很重要的指标是能否顺利地完成产品装配。因此，在进行虚拟装配过程中，需要进行装配干涉检验，这也是验证产品的可制造性和可装配性。

在各部件的装配过程中，由于其机械结构较复杂，装配空间受到限制，常常出现零件之间的相互渗透、咬合或者无法完成装配的情况，即发生装配干涉，需要重新修改零件的参数设计。由于虚拟建模过程是并行进行的，当装配发生干涉时，立即返回到零件设计，相应地修改部分参数，使之不发生干涉，修改后的结果会及时反映到装配模型中。现在以轮轴和轮架的装配说明。如图 5 – 21 所示。PRO/E 装配螺母和轴时是用插入、对齐和匹配来实现的，而螺母和轴的连接属于螺纹连接，彼此之间的装配是旋转装配的，PRO/E 中无法实现这个功能，而且这种干涉对整体设计没有影响，所以可以忽略。对于内板和外板间的支撑板的尺寸就要进行修改，修改后再进行全局干涉分析看是否还有干涉，如图 5 – 22 为修改支撑板的尺寸后进行全局干涉分析后的结果，可以知道此时支撑板的尺寸已经正确了。

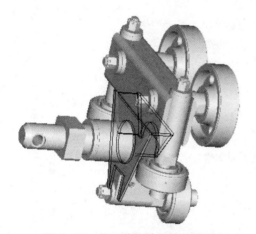

图 5 – 21　修正前轮轴和轮架装配

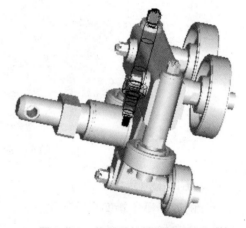

图 5 – 22　修正后轮轴和轮架转配

通过反复地进行虚拟装配、干涉检验和修改设计过程，从而不断完善设计方案。经最后虚拟装配验证后，所有装配部件和整机都不再发生干涉。虚拟装配过程中完成的装配干涉检验是在静态的情况下进行的，只能完成装配件之间是否发生干涉，至于机构之间的运动干涉和碰撞需要通过运动仿真来进一步检验。

5.3.3.2　装配参数的确定

原子滑车是由多个零件及其部件组成的。将零件参数化的思想扩展到原子滑车部件的参数化设计中，实现部件的整体参数化设计，无疑会更大程度地提高设计效率，为企业创造经济效益。对于原子滑车，要实现其整体参数化设计的难度是相当大的，所以就需要将原子滑车分解为一系列的部件，可使复杂的参数化问题得到简化。部件和产品归根结底都是由若干个零件组成，在参数化设计中都可以视为装配体。虽然组成原子滑车的零件的数量和关系非常复杂。原子滑车部件的参数化设计方法和原子滑车参数化设计方法所要解决的主要问题在本质上是一致的。如果可以成功实现部件的整体参数化设计，则可以推广到产品的参数化设计。

对部件的整体参数化设计方法的研究，着重解决如何实现相关修改。由于零部件之间复杂多样的关系使产品成为具有一定结构和功能的系统。零部件之间的关系是实施相关修改的基本依据。在原子滑车产品中，零部件之间具有如下关系。

（1）层次关系。层次关系在产品中是显而易见的，零件与零件组装构成部件，部件和零件组装构成产品。

（2）装配关系。装配关系主要是指零部件之间的定位关系、连接关系和运动关系。当两个零件或部件通过上述一种或多种关系联系起来时，两者就具有了约束关系。层次关系在相关修改时一般不可用，而装配关系是建立约束关系的基础，是实现相关修改的关键。

部件的参数化设计主要有以下三种方法。

（1）在零件参数化的基础上，引入装配关系作为约束，合理地建立零件之间的装配约束关系，以确保零件之间正确的相对位置关系。同时，建立零件相互关联的参数之间的关系，以保证参数之间能够联动。这样就可以实现相关修改，在此基础上建立部件的装配模板，最终实现整个部件的参数化设计。如图 5-23 所示的轮轴装配图，轮轴零件相互关联的参数为孔数及各个圆直径。提取此类参数，即可实现部件的参数化设计。轮架模型如图 5-24 所示。

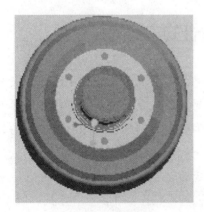 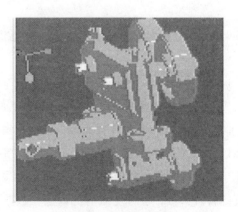

图 5-23 轮轴模型　　　　　　图 5-24 轮架模型

（2）组成部件的零件形状相同、参数尺寸不同时，先将组成的零件进行参数化设计，不同部件在装配时调用其进行过参数化的零件，这样就形成组件库。原子滑车的轮轴有侧导轮轴、承重轮轴和侧挂轮轴。采用这一方法只需对侧导轮轴的相关零件进行参数化设计，同时相当于完成承重轮轴和侧挂轮轴的部件设计。

（3）针对某一个装配件进行参数化，这个装配件就是原型，需要保存好。每次使用前应该将其复制到另外一个文件夹，这样才能保证原型不被破坏。之所以导致这样的结果是因为在编程时，需要找出 Pro/E 中需要参数化的尺寸相对应的系统尺寸，比如 D_1 是需要参数化的尺寸，但是它在 Pro/E 系统中就不是 d_1，它的数值与建模的先后顺序有关。而在编程时用的是系统尺寸，所以参数化只是针对这一个装配体有效。

组件的参数化与零件参数化不同之处如下。

（1）组件中零件与零件之间有尺寸约束。比如组件中的轴和孔，它们的尺寸需要同时改变。所以组件的关系比零件的关系要多。

（2）对于每一个组件中的零件，Pro/E 系统为其分配一个零件代号。组件中所有零件尺寸的形式是："原零件尺寸符号：零件代号"。比如：d_1：0，d_5：2 等，这样便可以区分所有的尺寸符号了，并且知道这个尺寸是哪个零件的。这个代号是从 0 开始连续的整数，不仅每一个零件有一个代号，装配尺寸约束也有代号。这样在装配图中所有的尺寸都不会重复。在编辑关系和编程时使用符号都要使用完整的尺寸符号。采用这种方式时，组件参数化的制作过程与零件参数化相似。如图 5-24 所示，轮架组成零件繁多，先将其装配完好保存。然后找出轮架装配体需要修改的参数。在 Pro/E 中找出需要参数化的尺寸相对应的系统尺寸，以此方法进行参数的提取。

5.4 基于特征的原子滑车数字化设计知识数据库建立

在设计过程中既要查询大量的数表，又要保存各阶段的设计结果，因此良好的数据库管理是高效和可靠地完成本系统设计的重要保证，原子滑车数字化设计平台使用 Visual C++6.0 作为前台开发工具，Access 作为后台数据库，采用 ODBC 作为数据库访问接口，开发客户机/服务器（C/S）类型的应用程序。

原子滑车零部件设计参数数据库是整个系统的重要基础之一，它存储着原子滑车零部件的各种参数，零件生成时的数据、数据库应用程序（图形用户界面）所需数据、访问零件模型所需的数据，以及 Pro/E 中驱动设计参数的尺寸数据都必须从该数据库中获得，其关系如图 5-25 所示。

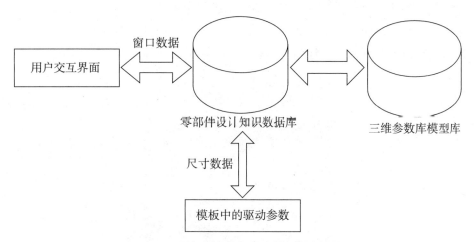

图 5 - 25 零部件参数数据库的数据交换关系

在 Microsoft Access 中建立关系数据库（data. Base. mdb），加入包含必要数据的表。由于不同种类的零件有不同的尺寸数据表，因此，各种零件的尺寸数据表动态建立，也方便用户以后添加新的标准件。

5.5 基于特征的原子滑车数字化设计平台系统实现

Pro/TOOLKIT 应用程序是指利用 Pro/E 系统提供的 Pro/TOOLKIT 工具包的支持，用 C 语言进行程序设计，采用 C 编译器和连接器创建能够在 Pro/E 环境运行的可执行程序（文件名后缀为 EXE）或动态连接库（文件名后缀为 DLL）形式的程序。

Pro/TOOLKIT 典型开发过程包括编写源文件（Pro/TOOLKIT C 程序、菜单资源文件、信息资源文件、对话框资源文件等）、程序的编译和连接以及应用程序的注册和运行。

利用 Visual C + + 开发基于 Pro/E 的程序编制一般需要两个步骤：一是可视化设计阶段；二是代码编写阶段。在可视化设计阶段，编程者使用 VC + + 工具箱来定制所需的用户界面。在代码编写阶段，编程者通过调用消息和事件函数实现所需的功能。由于在 VC + + 中可以方便使用对话框（Dialog）、位图（Bitmap）、菜单（Menu）等工具箱，编程人员只需编写少量的代码就可以设计出界面友好、方便用户使用的程序，因而可以大大提高系统开发的效率。

5.5.1 用户界面的设计

采取在 Pro/E 系统中内嵌用户化菜单，通过菜单的响应事件调用交互界面，在输入模型的基本参数之后，通过选择按钮即可生成相应模型。

菜单设计在满足使用要求的同时考虑用户使用的方便性和直观性，将原子滑车零部件列为几级菜单。具体编排如图5-26所示。

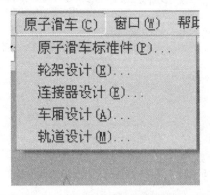

图5-26 Pro/E系统内嵌三维参数化系统菜单

窗体设计符合用户使用习惯，输入数据格式的判断是根据经验知识加工基础上设定的。用户可以查看二维图形，预览三维实体模型，并更新模型。如图5-27所示，螺母为国际标准件，只需输入公称直径就可使模型三维变化，达到了快速设计的效果。

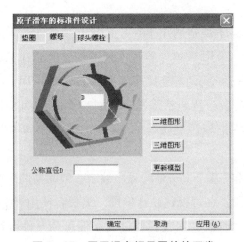

图5-27 原子滑车螺母零件的开发

5.5.2 编写源文件

源文件包括资源文件和程序源文件。资源文件包括菜单资源文件、窗口信息资源文件、对话框资源文件等，分别用来完成创建和修改Pro/E菜单、窗口信息和对话框等功能。程序源文件是指所要编写的C语言程序，这是整个Pro/TOOLKIT程序开发的核心部分，是整个程序实现的关键。

1. 编写资源文件

菜单信息文件是一种 ASCⅡ 码文件，用来定义菜单项、菜单项提示等信息，可以用 Word、记事本和写字板等文字处理软件建立，也可在 VC 的集成开发环境中建立，但必须以纯文本格式保存。

在信息文本中以 5 行为一组，原子滑车的部分信息文件如下所示。

yuanzihuache

yuanzihuache

原子滑车（&C）

#

Example8 – 1

Example8 – 1（&E）...

连接器设计（&E）...

#

Dialog test

Dialog test（Example8 – 1）

连接器设计（例 8 – 1）

#

Example8 – 2

Example8 – 2（&A）...

车厢设计（&A）...

#

其含义为：

第一行：Pro/E 系统可以识别的关键字。该关键字必须与使用该信息文件函数中的相关字符相同，

　　//添加菜单按钮

ProMenubarmenuPushbuttonAdd（"fsh"，"biaozhujian"，"biaozhujian"，

　　　　"Modeless Property Sheet"，NULL，

　　　　PRO_ B_ TRUE，PushButton_ cmd_ id1，MsgFile）；

第二行：在菜单项或菜单项提示上显示的英文文本。

第三行：另一种语言的译文或为空。在本文采用中文。

第四行：当前的 Pro/Engineer 版本为空。

2. 编写程序源文件

C 程序文件包含了用户定义的菜单内容与菜单动作。在定义动作函数时可以调用本身的 Pro/TOOLKIT 函数，也可以调用用户自定义函数。为了将菜单文件载入，需要在 C 文件中完成菜单调入、菜单注册和菜单动作定义三个步骤。

依照菜单文本文件（message. txt）设置菜单按钮动作（Example8_ 5MenuActFn（）），创建菜单和菜单按钮，主要代码如下：

ProFileName MsgFile；

uiCmdCmdId PushButton_ cmd_ id1，…；

//设置菜单信息文件名

PmStringToWstring（MsgFile，"Message. txt"）；

　　//设置菜单按钮的动作函数

ProCmdActionAdd（"PushButtonAct1"，(uiCmdCmdActFn) Example8_ 5MenuActFn，

　　　　uiCmdPrioDefault，AccessAvailable，

　　　　PRO_ B_ TRUE，PRO_ B_ TRUE，&PushButton_ cmd_ id1）；

　　//添加菜单按钮

ProMenubarmenuPushbuttonAdd（"fsh"，"biaozhujian"，"biaozhujian"，

　　　　"Modeless Property Sheet"，NULL，

　　　　PRO_ B_ TRUE，PushButton_ cmd_ id1，MsgFile）；

编辑菜单按钮的动作函数，对对话框进行设置和编程，激活对话框。采用非模式属性业方式。主要代码：int Example8_ 5MenuActFn（）

　{

　AFX_ MANAGE_ STATE（AfxGetStaticModuleState（））；

　int status；

　if（ModelessSheet. GetPageCount（）＜15）{

　　　CPage2 ＊dlg2 = new CPage2；

　　　CPage1 ＊dlg1 = new CPage1；

ModelessSheet. AddPage（dlg2）；

　　　ModelessSheet. AddPage（dlg1）；

　}

　status = ModelessSheet. Create（NULL，－1，0）；

　return status；}

5.5.3 生成可执行文件

Pro/TOOLKIT 应用程序在 VC 环境下编译（Compile）无错后，还必须在命令提示符下编译、链接，生成可执行的 .exe 或 .dll 文件。原子滑车的开发的应用程序与 Pro/E 之间时属于同步模式，采用动态链接（DLL）模式。

5.5.4 注册可执行文件并运行

程序编写完成后，必须进行设置才能编译和连接成要求的动态链接（DLL）文件。首先在包含文件路径中加入"…\PROTOOLK ~ \INCLUDES"，其次设置库文件路径 "…\PROTOOLK ~ \I586NT\OBJ"，最后需设置连接所需的库文件 mpr.1ib、pmtk dl1.1ib，并将连接定为强制输出。如果编译后产生的是 31 个错误，那么都是由加载的库产生的，可以忽略，编译成功。将生成的 DLL 编入 Pro/E 注册文件 protk.dat，在 Pro/ENGINEER 中运行 Pro/TOOLKIT 应用程序，必须先进行注册。注册文件的作用是向 Pro/ENGINEER 系统传递应用程序的信息。

protk.dat 的格式如下：

NAME   yuanzihuache

EXEC_ FILE   E：\新建文件夹\标准件\Example8\Release\yuan.dll

TEXT_ DIR   E：\新建文件夹\标准件\Example8\Release\text

STARTUP   dll

ALLOW_ STOP TRUE

DELAY_ START TRUE

REVISION   2002

END

应用程序有两种注册方式：自动注册和手工注册。自动注册是指将注册文件放在指定的目录下运行 PRO/ENGINEER，此时，注册文件中所有 PROTOOLKIT 应用程序将被自动注册。手工注册是指注册文件不在指定目录时，启动 PRO/E 之后在 UTILITIES 下选择 Auxiliary Application：菜单项，然后在对话框中选取 Register 进行注册。PRO/TOOLKTT 应用程序在 Pro/E 中注册成功后就可以运行了。此时，所编辑的新菜单或新菜单按钮就会出现在菜单中，选中它就能完成你所定义的动作。

5.5.5 平台的实现和运行

要进入系统，首先必须登录，正确登录后，点击各菜单按钮即启动相应功能模块。

（1）原子滑车标准件、常用非标准件。开发的流程如图 5 - 28 所示。其开发过程为：利用 Pro/Toolkit 函数从零件库中将零件读入内存，然后检索用户定义的参数对象；通过参数对象获取参数的类型和数值的大小，通过对话框界面显示用户当前模型参数值，修改设计参数；修改完参数后需要对参数进行约束条件检索，判断是否满足设计要求；不满足时提示用户返回修改界面重新修改参数，满足约束条件时，用新参数值更换原参数并生成新模型；判断新模型的特征，满足要求存储新零件，否则用户交互界面重新设计；如果需要设计新零件，则返回开始处，进行下一个模型设计。

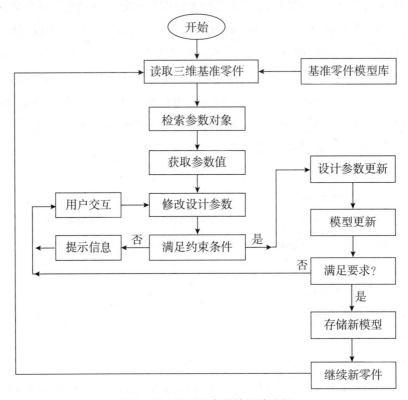

图 5-28　原子滑车零件设计流程

①标准件设计。

点击菜单 原子滑车标准件设计 将弹出原子滑车标准件的模式属性页对话框，该对话框由垫圈、螺母、球头螺栓三个模式属性页组成。如螺栓对话框界面由 二维图形 、三维图形 的预览功能；点击 二维图形 就显示出螺母的二维样图。对话框界面显示用户模型参数值，修改设计参数；如果参数为非标准参数，那么点击 更新模型 就显示出错信息，重新更改；如果是标准参数，点击 更新模型 时则可使模型重新更改。球头螺栓对话框如图 5-29 所示。

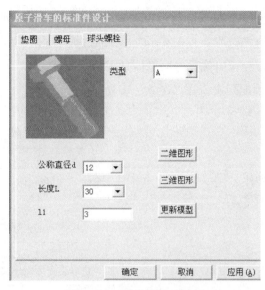

图 5 – 29　球头螺栓对话框

②非标准件。

点击子菜单轮架设计将弹出 轮架设计 的模式话框，该模式属性页由零件对话框和部件对话框组成。零件包括盖、挡板、罩、轴承、车轮等、部件为轮轴装配设计、轮轴组建库、轮架装配设计组成。零件挡板设计如图 5 – 30 所示。

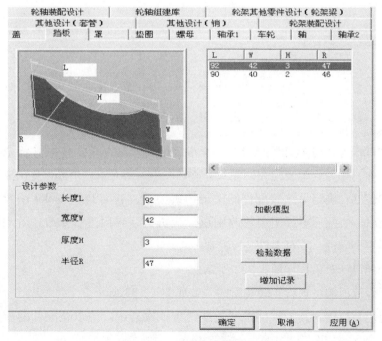

图 5 – 30　非标准件挡板设计

其中列表框是从数据库 Access 数据库读取数据，为验证后可行的标准数据。点击每行在设计参数中就与之对应，点击检验数据按钮检验数据的可行性，若正确加载模型就可更新；若不符合经验值就显示出错信息重新修改。

（2）装配设计。装配开发流程如图 5-31 所示。

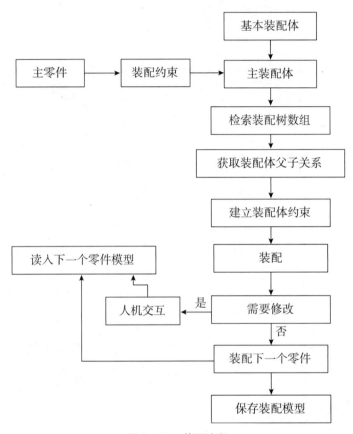

图 5-31　装配流程

其主要过程为：通过交互方式建立基本装配体，基本装配体只含三个基准面和三个基准坐标系，作为后续装配件的参照；Pro/Toolkit 读入第一个零件作为主装配体，采用缺省方式建立；确定后续装配件的父子约束关系，利用 Pro/Toolkit 函数进行组装和配合参数提取，装配后零件需要修改则返回人机交互界面进行修改，若不需修改，则可以装配下一个零件，直至零件装配完成。

轮轴装配设计对话框如图 5-32 所示。

为了更好地说明，现将轮轴装配图分解如图 5-33 所示。

车轮为主装配体，其余零件按照装配约束依次装配。提取装配体的配合参数来进行开发，配合参数如图 5-34 所示。

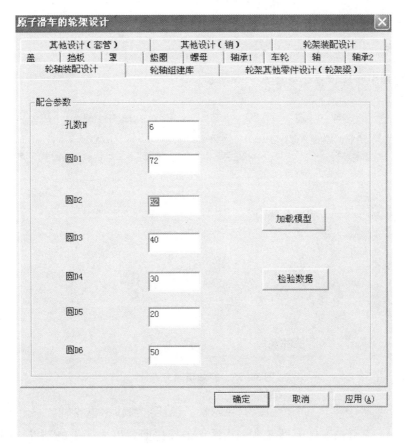

图 5 - 32   原子滑车轮轴装配设计

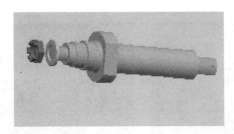

图 5 - 33   轮轴分解

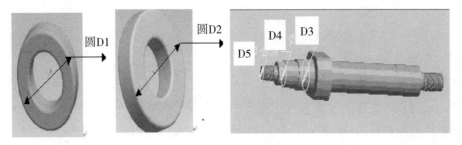

图 5 - 34   配合参数

在对话框中列出其配合参数，点击 检验数据 按钮，检验数据的正确性。若正确点击 加载模型 按钮，更新模型；若错误，则重新修改数据直到正确。

（3）轮轴组建库设计。如图 5 - 35 所示。

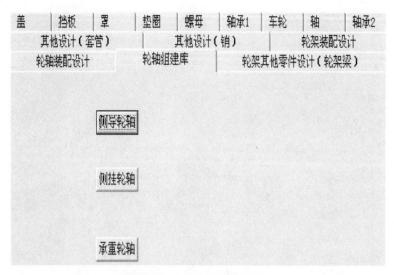

图 5 - 35　轮轴组建库设计

在属性页面板中建立三个按钮：侧导轮轴、侧挂轮轴和承重轮轴。三个轮轴所组成的零件相似，只需修改零件模型参数，然后点击按钮即可生成所需的部件。如图 5 - 36 所示。

（a）侧导轮轴　　　　　　　　（b）承重轮轴　　　　　　　（c）侧挂轮轴

图 5 - 36　轮轴装配

（4）轮架设计。如图 5 - 37 所示。

按照前面所介绍的部件的参数化设计方法第三种设计方式，将一个轮架看作一个装配体。在列表框中读出所需尺寸。点击一行在设计参数中读取，同时在 Pro/E 下可以看到所读取的参数如图 5 - 38 所示，当点击 d_0 时在图中可看出所标注的尺寸，来进行修改更新模型。

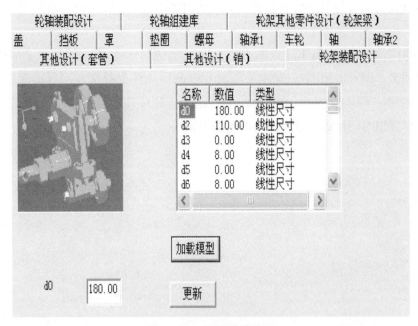

图 5 – 37 轮架装配设计

图 5 – 38 轮架的参数化尺寸

平台设计采用二次开发的手段集设计、管理于一体，实现了部件模型参数化模块库，总结平台特点如下。

良好的集成性：运用 Pro/E 二次开发工具 Pro/Toolkit 可以比较容易地实现由程序动态的、自动地进行特征建模的功能，并存入模型统一的数据库、特征库中。

数据传输快：可实现多个子端自动加载、卸载数据源和对数据准确、快速地设计。

实用性强：创建的图库可以使设计人员快速设计原子滑车典型零件，使企业更好地运用 Pro/E。

系统通用性好：在 Pro/E 上二次开发，开发出的 CAD 系统不仅具有 Pro/E 强大的特征建模功能，而且使用 MFC 制定了图文并茂的用户界面并实现了数据库访问功能。由于用户定义特征的方法和面向对象的思想适用于程序控制自动建模，所以本系统的设计方法和思想对同行业具有广泛的参考借鉴价值。

6 特种机电设备游乐设施运行状态的监控检测技术

国内大型游乐设施建设日新月异，大型游乐设施主要向更快、更高、采用的技术越来越先进、设施运动形式越来越复杂等方向发展，因此其危险性也成倍增加。大型游乐设施在给人们带来快乐和刺激，让人们享受繁忙工作后休闲和放松的同时也给部分游客带来了风险和不幸。近年来与游乐设施快速发展相伴的安全事故时有发生，据统计，我们国家大型游乐设施事故万台发生率高居世界前列，这充分证明在大型游乐设施行业安全管理方面存在着诸多问题，比如，游乐设施设计存在缺陷、加工制作存在问题、使用单位和检查检验部门不负责任、游乐设施没有经过安全评测擅自运行等。一旦游乐设施故障隐患爆发形成重大事故，将严重威胁人民的生命以及财产安全，更严重的可能造成社会秩序的混乱。因此，必须按照游乐设施的安全法规和技术标准对游乐设施的运行状态进行监控和检测。

对运行中的游乐设施（整体或其零部件）的状态进行检查鉴定，以判断其运行是否正常，有无异常或劣化征兆，及对异常情况进行追踪，预测其劣化趋势，确定其劣化及磨损程度等，就称为状态的监控检测。

状态监控检测的目的在于掌握设备发生故障之前的异常征兆与劣化信息，以便事前采取针对性措施控制和防止故障的发生，从而减少故障停机时间与停机损失，降低维修费用和提高设备有效利用率。

随着设备状态监视技术和诊断技术的迅速发展，设备状态监控检测维修逐渐得到广泛的推广和应用，已成为当今国际科学维修技术与管理的发展方向。设备状态监控检测维修是一种以设备状态为依据的预防维修方式，根据设备的日常点检、定检、状态监视和诊断提供的信息，经过统计分析来判断设备的劣化程度、故障部位和原因，并在故障发生前能进行适时和必要的维修。由于这种维修方式对设备失效的部位有着极强的针对性，修复时只需修理或更换将要或已损坏的零件，从而能有效地避免意外故障和防止事故发生，减少了设备维修的成本，缩短了设备维修的时间。

6.1 游乐设备的国内外法规标准体系

6.1.1 游乐设施的国内法规标准体系

由于历史、社会制度、法律制度的原因，世界各国对特种设备的安全管理与监督有着不同模式，使用的法规标准也不相同。为适应社会主义市场经济体制的要求，自2003年10月，我国国家质量监督检验检疫总局（简称国家质检总局）特种设备监察局开始建设以安全技术规范为主要内容的特种设备安全监察法规体系，由"法律—行政法规—部门规章—安全技术规范—引用标准"五个层次构成，对包括大型游乐设施在内的特种设备的生产（包括设计、制造、安装、改造、修理）、经营、使用、检验、检测和安全实施全过程的监督管理。如图6-1所示。

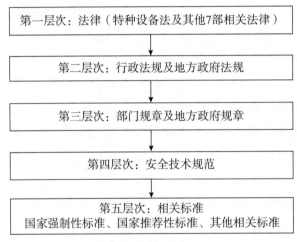

图6-1　我国特种设备法规标准体系

6.1.1.1　大型游乐设施法律

针对特种设备的专业法律《中华人民共和国特种设备安全法》于2013年6月29日第十二届全国人民代表大会常务委员会第三次会议通过，2013年6月29日中华人民共和国主席令第4号公布，自2014年1月1日起施行。

其他相关法律有7部，分别为《中华人民共和国劳动法》《中华人民共和国产品质量法》《中华人民共和国商品检验法》《中华人民共和国行政许可法》《中华人民共和国标准化法》《中华人民共和国节约能源法》。

6.1.1.2　大型游乐设施行政法规

与大型游乐设施有关的行政法规主要有4部，如表6-1所示。

地方性法规有《浙江省特种设备安全管理条例》、《江苏省特种设备安全管理条例》等。

表 6-1　　　　　　　　　　　与大型游乐设施有关的行政法规

序号	文号	颁布日期	法规名称
1	国务院令第 549 号	2009 年 1 月 24 日	《特种设备安全监察条例》
2	国务院令第 302 号	2001 年 4 月 21 日	关于特大安全事故行政责任追究的规定
3	国务院令第 412 号	2004 年 4 月 29 日	国务院对确需保留的行政审批项目设定行政许可的决定
4	国务院令第 493 号	2007 年 4 月 9 日	生产安全事故报告和调查处理条例

6.1.1.3　大型游乐设施相关标准

相关标准是指一系列与特种设备安全有关的法规、规章或安全技术规范引用的国家标准和行业标准。标准分为强制性标准和推荐性标准，推荐性标准若被安全技术规范引用后，其被引用部分具有强制性。

游乐设施主标准如表 6-2 所示，分项标准如表 6-3 所示，其他相关标准 40 多项。

表 6-2　　　　　　　　　　　　游乐设施主标准

序号	标准号	标准名称
	GB 8408—2008	游乐设施安全规范

表 6-3　　　　　　　　　　　　游乐设施分项标准

序号	标准号	标准名称
1	GB/T 18164—2008	观览车类游艺机通用技术条件
2	GB/T 18159—2008	滑行车类游艺机通用技术条件
3	GB/T 18166—2008	架空游览车类游艺机通用技术条件
4	GB/T 18160—2008	陀螺类游艺机通用技术条件
5	GB/T 18161—2008	飞行塔类游艺机通用技术条件
6	GB/T 18158—2008	转马类游艺机通用技术条件
7	GB/T 18163—2008	自控飞机类游艺机通用技术条件
8	GB/T 18162—2008	赛车类游艺机通用技术条件
9	GB/T 18165—2008	小火车类游艺机通用技术条件
10	GB/T 18169—2008	碰碰车类游艺机通用技术条件
11	GB/T 18878—2002	滑道设计规范

序号	标准号	标准名称
12	GB/T 18879—2002	滑道安全规范
13	GB/T 18168—2008	水上游乐设施通用技术条件
14	GB/T 20051—2006 无动力类游乐设施技术条件	无动力类游乐设施技术条件
15	GB/T 18167—2008 光电打靶类游艺机通用技术条件	光电打靶类游艺机通用技术条件
16	GB/T 18170—2008 电池车类游艺机通用技术条件	电池车类游艺机通用技术条件
17	GB/T 20049—2006 游乐设施代号	游乐设施代号
18	GB/T 20050—2006 游乐设施检验验收	游乐设施检验验收
19	GB/T 16767—1997 游乐园（场）安全和服务质量	游乐园（场）安全和服务质量

6.1.2 国外游乐设施法规标准体系

6.1.2.1 美国游乐设施法规标准

美国在联邦层面设有专门管理游乐设施的专门法律法规，游乐设施归口美国消费产品安全委员会（U. S. Consumer Product Safety Commission，CPSC），是联邦和各地方政府游乐设施安全信息交流平台，提供游乐设施安全信息和游乐设施造成人员伤亡情况信息；组织制定非强制性的移动式游乐设施安全标准；发布并实施强制性标准或禁止消费产品（在没有适当的标准的情况下）等。

美国各州制定游乐设施法律法规，负责游乐设施安全管理工作，归口管理部门为劳动与工业局、劳动局、农业局、农业与消费者服务局或者建筑安全局等。例如，加利福尼亚州的法律法规有《游乐设施安全法》（AMUSEMENT RIDES SAFETY LAW）、固定式游乐设施安全检验项目（PERMANENT AMUSEMENT RIDE SAFETY INSPECTION PROGRAM）、《固定式游乐设施管理规程》（Permanent Amusement Rides Administrative Regulations）、《固定式游乐设施安全规则》（Permanent Amusement Ride Safety Orders）、《移动式游乐设施》（Amusement Rides Portable Amusement Rides）等；纽约州的法律法规有《嘉年华、展会、游乐园安全》（CARNIVAL, FAIR AND AMUSEMENT PARK SAFETY）、《嘉年华、展会和游乐园的游乐设施、观景台、帐篷》（AMUSEMENT DEVICES VIEWING STANDS AND TENTS AT CARNIVALS, FAIRS AND AMUSEMENT PARKS）等；伊利诺斯州法律法规有《嘉年华和游乐设施安全法》（Carnival and Amusement Rides Safety Act）、《游乐设施安全委员会》（Carnival – Amusement Safety Board）、《嘉年华与游乐设施检验法》（Carnival and Amusement Rides Inspection Law）。

美国游乐设施标准全部或部分采用 ASTM（美国材料实验协会 American Society of

Testing Materials）标准，也引用一些材料、钢结构、焊接、无损探伤等方面的标准。

6.1.2.2 欧盟游乐设施法规标准

欧盟标准有《EN13814 游乐场所机械和建筑安全》。

英国有《工作场所职业健康与安全法》《消费者保护法》《工作场所职业健康与安全管理规则》；非官方管理措施有《游乐场所安全指南》《健康与安全实施规范》《游乐场所安全技术惯例》《游乐园安全惯例指南》等。

6.2 游乐设施的检验机构、检验人员及检验要求

6.2.1 大型游乐设施检验机构

特种设备监督检验机构（以下简称检验机构）必须经国家质量监督检验检疫总局的核准后，方可从事核准项目内的检验检测工作。游乐设施检验分为监督检验和定期检验。

截至 2013 年年底，全国共有特种设备综合性检验机构 513 个，其中质检部门所属检验机构 323 个，行业检验机构和企业自检机构 190 个。另外还有型式试验机构 37 个，无损检测机构 336 个，气瓶检验机构 1817 个，安全阀校验机构 179 个，房屋建筑工地和市政工程工地起重机械检验机构 85 个。据游乐设施的危险程度，纳入安全监察的游乐设施划分为 A、B、C 三级，如表 6－4 所示。

表 6－4　　　　　　　　　　　游乐设施分级表

主要运动特点	典型产品举例	主要参数		
		A 级	B 级	C 级
绕水平轴转动或摆动	观览车、飞毯、太空船、海盗船、流星锤等	高度≥30m 或摆角≥90°	满足高度≥30m 或摆角≥45°，除 A 级之外	符合附件 1 规定的条件，除 A 级、B 级之外的游乐设施
绕可变倾角的轴旋转	陀螺、三星转椅、飞身靠壁、勇敢者转盘等	倾角≥70° 或回转直径≥10m	满足倾角≥45° 或回转直径≥8m，除 A 级之外	
沿架空轨道运行或提升后惯性滑行	滑行车（过山车）、矿山车、疯狂老鼠、弯月飞车、激流勇进等（滑道、滑索属 A 级）	速度≥40km/h 或轨道高度≥5m	满足速度≥20km/h 或轨道高度≥3m，除 A 级之外	符合附件 1 规定的条件，除 A 级、B 级之外的游乐设施

主要运动特点	典型产品举例	主要参数		
		A 级	B 级	C 级
绕垂直轴旋转、升降	波浪秋千、超级秋千、转马、章鱼、自控飞机等	回转直径≥12m 或运行高度≥5m	满足回转直径≥10m 或运行高度≥3m，除 A 级之外	符合附件 1 规定的条件，除 A 级、B 级之外的游乐设施
用挠性件悬吊并绕垂直轴旋转、升降	飞行塔、观览塔、豪华飞椅、波浪飞椅等	高度≥30m 或运行高度≥3m 且回转直径≥12m	满足高度≥30m 或运行高度≥3m，除 A 级之外	
在特定水域运行或滑行	直（曲）线滑梯、浪摆滑道等（峡谷漂流属 A 级）		高度≥5m 或速度≥30km/h	
弹射或提升后自由坠落（摆动）	探空飞梭、蹦极、空中飞人等	高度≥20m 或高差≥10m		

《游乐设施安全技术监察规程》（国质检锅〔2003〕3 号）第三十七条规定：A 级游乐设施，由国家游乐设施监督检验机构进行验收检验和定期检验；B 级和 C 级游乐设施，由所在地区经国家特种设备安全监察机构授权的监督检验机构进行验收检验和定期检验。首台（套）游乐设施的型式试验与验收检验由国家游乐设施监督检验机构一并进行。

6.2.2　大型游乐设施检验人员

游乐设施检验人员必须按照《TSGZ 8002—2013 特种设备检验人员考核规则》的要求，经过考核取得相应的游乐设施检验人员证，方可执业，从事游乐设施检验工作。现场检验至少由 2 名具有游乐设施检验员以上资格的人员进行。大型游乐设施检验人员级别、项目、代号及检验范围如表 6 - 5 所示。

表 6 - 5　　　　大型游乐设施检验人员级别、项目、代号及检验范围

序号	级别	项目	代号	检验范围
1	大型游乐设施	检验员	YL - 1	各种大型游乐设施
2	大型游乐设施	检验师	YS	各种大型游乐设施

6.2.3　大型游乐设施检验要求

大型游乐设施的安装、改造、重大修理过程应当按照安全技术规范规定的范围、项目和要求，由特种设备检验机构在企业自检合格的基础上进行安装监督检验；未经监督检验合格的不得交付使用；运营使用单位不得擅自使用未经监督检验合格的大型游乐设施。

运营使用单位应当在大型游乐设施安装监督检验完成后1年内，向特种设备检验机构提出首次定期检验申请；在大型游乐设施定期检验周期届满1个月前，运营使用单位应当向特种设备检验机构提出定期检验要求。特种设备检验机构应当按照安全技术规范的要求在企业自检合格的基础上进行定期检验。

详细检验要求见《游乐设施监督检验规程（试行）》（国质检锅〔2002〕124号）。

6.3　游乐设施动态检测和监控技术原理及其研究现状

6.3.1　状态监控检测及监控的基本原理

状态监控是利用设备对在运行过程中伴随而生的噪声、振动、温升、磨粒磨损和游乐设施的质量状况等信息，并受运行状态影响的效应现象。通过作业人员的感官功能或仪器获取这些信息的变化情况，作为判断设备运行是否正常，预测故障是否可能发生的依据。

状态检测是指利用检测设备对影响运行状态的主要参数指标进行测试，速度能从宏观上反映设备整体运行情况，结构应力状态和振动特性综合反映了游乐设施设计的质量和运行健康状态，是结构安全检测监测、故障诊断常用的指标。以上几种测试基本涵盖了运行状态的主要方面。

6.3.2　状态检测的研究现状

游乐设施测试系统是测试游乐设施性能、判断其是否安全可靠的重要保证。目前，国内游乐设施状态运行的研究主要集中在如下几方面。

1. 在线检测研究现状

北京化工大学的林伟明针对典型的游乐设施大摆锤搭建了运行测试平台，进行了应力、振动和人体加速运行测试，开发了一套面向大摆锤的失效分析、失效知识库的风险评价系统，实现了基于知识的大摆锤失效分析与预防的自动处理。南京工业大学的王业等人，结合VB、MAPX、F-AHP等技术开发了一套基于GIS可视化的游乐设施在线检测与评估系统。该系统拥有良好的人机操作界面，可以在线采集游乐设施的动态数据和分析游乐设施的安全裕度。叶建平等采用 MVC 模式和 J2EE 技术构成了游乐设施检测管理系统的网络结构和软件体系结构，能够准确、高效地实现游乐设施检测过程的管理控制，实现检测信息的自动化管理。

2. 远程安全监控预警技术

南京工业大学的李果等，综合人工智能、智能控制和测控技术，提出了基于 Multi - A - gent 的游乐设施远程安全监控预警系统；系统以基于免疫神经网络故障预测模型的预警 Agent 为核心，结合 DSP、GIS 和 GPRS 等手段，协同多个 Agent 分工合作，实现对游乐设施的安全监控与安全预警功能；仿真实验结果表明，该系统能够有效地预报设备故障，减少事故发生率。王继祥等开发了一种用于国内客运索道设备的自动检测系统，该系统实现了对工控机、电气控制系统参数检测、液压站参数检测、托压索轮检测、钢丝绳检测、脱索检测、闸到位检测、吊厢位置检测等参数的实时采样、传输和显示。方铭杰对客运索道关键部件在线遥测及检测系统进行了设计与开发，根据不同的索道运行速度不同，设计了不同的解决方案；客运索道运行状态各参数状态监测与诊断模块设计，利用多种传感器采集索道运行时关键部件的特征信号，进行预处理、转换、比对、显示和报警；具有客运索道运行状态各参数状态监测与诊断功能，同时具有索道场区视频实时监测功能。张磊研究了数字化监控系统，控制室接收到来自监控点的参数信息，这些参数信息经过采集、信号分析等处理，可以自动提取出设备运行状态信息，通过 PLC 故障算法实时判断设备运转是否正常，在出现故障时，根据不同故障的类型，实现平稳可靠停机，大大提高了乘坐的舒适性和安全性。同时通过视频采集，操作人员对线路支架、站房设备、关键部位的运行状况一目了然，真正实现了"监控一体化"，可大大提高索道运营的自动化水平和工作效率。

6.4 大型游乐设施动态检测、诊断和监控技术

随着游乐设施逐渐朝着更高、更快、采用更多的先进技术、运动形式更加复杂的方向发展，因此，其危险性也在成倍的增加。国内外的测试系统逐渐地将测试重点放在动态指标的测试研究上。为了实时、准确地对游乐设备的运行状态进行监控检测，必须采用专业的检测设备对影响运行状态的参数进行检测。

6.4.1 加速度的测试

游乐设施运行过程中作用在乘客身上的加速度要限制在一定的范围内。欧盟、美国、澳大利亚标准中对此进行了详细的规定，我国在新版 GB 8408—2008《游乐设施安

全规范》中将欧盟加速度部分的规定直接引入到我国的标准体系中。这对我国游乐设施的设计制造和安全监测工作起到巨大的推进作用。

加速度的测试原理：加速度仪是将惯性敏感元件（加速度计和陀螺）直接固定在运载体（如原子滑车）的机体上。通过惯性敏感元件的加速度输出和角速度输出来退散运载体相对于地球的瞬时加速度。

$$f_{ep} - f_b \times T + g \tag{6 - 1}$$

式中：f_{ep}——最终所求的运动体相对于地球的加速度分量；

f_b——加速度传感器输出，即运动体沿机体坐标系的比例向量；

T——机体坐标系到平台坐标系转化矩阵；

g——重力加速度向量。

由于大型游乐设施的加速度峰值可能发生在运动轨迹曲率较小处，如原子滑车的立环处、蹦极的翻滚处，在加速度测试仪的选型中要注意最大测量角速度和带宽问题。

加速度的测量方法和注意事项：

（1）测量加速度的参考点一般应位于坐席上方 0.6m 处（该处为人体的心脏位置），利用水平仪等设备使加速度仪处于水平状态，安装可靠、牢固，避免信号高频衰减。

（2）按满载、偏载和空载等多种工况进行多次测量。

加速的测量值按照 GB 8408—2008《游乐设施安全规范》中规定的加速度的标准进行判定。

6.4.2 速度的测试

随着游乐设施运动形式的复杂，速度变化较大的测量要求，对于速度的测试采用以下几种：雷达测速、高精度 GPS 测速。

1. 雷达测速

雷达测速是一种直接测量速度的方法。在移动的游乐设施上安装雷达，始终向轨道面发射电磁波，由于移动的游乐设施和轨道面之间有相对运动，根据多普勒频移效应原理，在发射波和反射波之间产生频移，通过测量频移就可以计算出列车的运动速度。可以连续测量速度。

目前的测试方法采用雷达测速方法，雷达测试固然有技术成熟、价格适中、手持方便的优点，但是对于原子滑车等运动复杂的设备来说，其运动轨迹不规范，速度变化极大，造成雷达测速的误差较大。

2. GPS（Global Positioning System）测速

GPS 由空中卫星、地面跟踪监控站和用户站三部分组成，能够根据两个点的定位数据及两点间时间差即可解算出速度数据。测速特点是高精度、全天候、高效率、操作简便等。

测量中注意事项：

（1）将 GPS 移动站与运动体固定在一起，应注意在运动过程中移动站的天线尽量指向天空，不能出现过多遮挡。

（2）基准站周围应视野开阔，截止高度角应超过 15°，周围无信号反射物，作业区域内不能存在强烈的电磁波等干扰。

（3）对于运动形式复杂，速度变化较大的测量，采用高精度 GPS 装置的 RTK 测速方式，可以获得设备全程的速度曲线。

速度的测量方法和注意事项：

（1）各类游乐设施的速度不能超过 GB8408—2008 中速度允许值的规定。

（2）游乐设施的速度不能超过设计中的最大速度。当其速度测量值与理论计算值误差较大时，应将测试结果通知申请测量单位和设计文件鉴定人员，提请考虑复核有关计算或重新测量。

6.4.3　应力应变测试

游乐设施中的构件结构形式和支承条件都较复杂、承受载荷又较高。在应用有限元法或其他数值方法计算应力后，需采用应力应变测试的方式来验证计算时所做的假设和假定的有效性，以及分析校核计算所得的结果。该方法还可用来分析机械结构的失效原因，找出薄弱环节，寻求改进途径。

由于游乐设施的关键构件运动范围较大，电缆铺设较为困难，为了能实现远距离测试、避免繁重的布线连线工作，为了满足于运动轨迹烦琐、运动幅度大的对象的测试要求，可选用无线遥测应变仪和动态应变测试仪。

1. 无线遥测应变仪检测

无线遥测数据采集系统是近年来快速的发展新技术。无线遥测数据采集系统由两部分组成：遥测记录仪和遥测接收仪。

电阻应变片通过线缆和遥测记录仪联结并固定在观览车上，记录仪由自带的电池供电。遥测接收仪和主机联结。测试开始时，主机通过给遥测接收仪向遥测记录仪发出指令，遥测记录仪通过天线接收信号后开始工作；测试结束时，遥测记录仪通过天线将数据传输到主机上。遥测技术的主要优点是遥测记录仪和电阻应变片可随着设备一起运动，不需和主机连接线。

2. 动态应变测试

随时间变化的应变即动态应变，根据随时间变化的规律，动态应变可以分为不同的类型。应变随时间变化的规律可以用明确的数学关系式描述的，称为确定性动态应变，否则属于非确定性，动态应变的分类如图 6-2 所示。

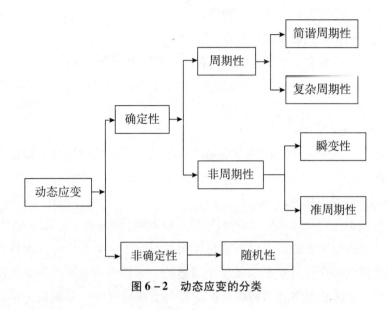

图 6-2 动态应变的分类

（1）周期性动应变。

应变随时间变化的规律可以用周期函数来描述。其变化规律的数学表达式是：

$$\varepsilon(t + nT) = \varepsilon(t) \tag{6-2}$$

式中：T 为变化的周期；n 为任意整数。

不平衡的转动部件和交流磁场都是周期激振源。周期性动应变又包括简谐周期性动应变与复杂周期性动应变。

①简谐周期性动应变的波形为正弦波，其数学表达式是：

$$\varepsilon(t) = \varepsilon_m \sin(\omega t + \phi)$$
$$= \varepsilon_m \sin(2\pi f + \phi) \tag{6-3}$$

式中：ε_m——最大应力幅值；

　　　ω——圆频率；

　　　ϕ——初始相位；

　　　f——频率。

②复杂周期性动应变可以分解为两个或两个以上振幅不同、频率为某一基波频率整数倍的简谐波，其任意两个谐波频率之比都是有理数。其数学表达式为一傅里叶级数：

$$\varepsilon = \varepsilon_0 + \sum_{n=1}^{\infty} \varepsilon_n \sin(\omega_n + \phi_n) \tag{6-4}$$

式中：ε_0——静态应变分量；

ε_n——第 n 次谐波的振幅；

ϕ_n——第 n 次谐波的初始相位；

ω_n——第 n 次谐波的圆频率。

复杂周期信号的频率包括基波平率与各高次谐波的频率，即：

$$f_n = \frac{\omega_n}{2\pi} = n. \frac{\omega}{2\pi} = nf \qquad (6-5)$$

式中：f——基波频率。

对于复杂周期信号，在选用测量仪器时，除应考虑基波频率外，还应考虑重要的高次谐波的频率。

（2）非周期性动态应变。

非周期性动态应变分为两种：瞬态性动应变和准周期性动态应变。

①瞬态性动应变主要是由于瞬态载荷作用所引起的。瞬态性应变的特点是它只在有限的时间范围内存在，其波形或是单个的脉冲，或是迅速衰减的振荡曲线。机械冲击或弹性系统在解除激振力之后的瞬态振动等都会在构建中产生瞬变性动应变。瞬变性动应变常含有从零到无限大的连续分布的所有频率成分。在测量时，可以根据具体情况与要求确定测试频率范围。

②准周期性动应变是由若干个简谐周期性动应变叠加而成的，但其谐波频率之比不全是有理数。准周期性动应变虽然是非周期的，但它在某些性质上及在处理方法上与复杂周期性动应变相同。因此，在动态应变测量中，对非周期性动应变主要是针对瞬变性动应变。

（3）随机性动态应变。

随机性动态应变属于非确定性应变，其变化规律不能用确定的数学关系描述。例如，由于原子滑车在轨道上行驶时的振动而产生的动应变即属于随机性动态应变。

对随机性动态应变，虽然无法预测其在未来时刻的数值；且在进行重复测量时，所得到的记录都是互不相同的，似乎毫无规律；但大量重复试验的数据表明存在着一定的统计规律性，可以用概率统计的方法描述和分析。

周期性动应变与瞬变性动应变都属于确定性动应变。即如果不考虑各种误差的影响，在对这类应变进行重复测量时，每次所得到的结果都是相同的。对于非确定性应变，要选用频率响应范围很宽的测量记录系统，进行大量重复试验，并根据其统计特性进行研究。

应力测试的注意事项及评定原则包括以下方面。

（1）测试点的位置选择要遵循一定的原则，如依据游乐设施设计规范，选择相应的零部件，主要关键的轴；通过查阅设计计算书，了解设备的强度、刚度以及稳定性等计算信息，找出最大应力值以及零件；布点要根据整机的运动情况，以便考察整机的应力状态等。

（2）一般的测试主要分三种工况进行，分别为空载、偏载和满载。根据选择好的测试部位和确定的测试点编号，绘制测点分布图，并指明应变片或应变花的粘贴方位。应力测点（不包括补偿点）应不少于 25 点。在测试过程中，要调试仪器，保证仪器可靠接地，用万用表测量接在仪器上测点的阻值，确保仪器上所有的点都能正常工作。在每个工况测试前，设备静止，然后仪器调零。在做空载、偏载、满载试验前，设备稳定后进行测量。所测点应力值得安全系数均符合 GB 8408—2008《游乐设施安全规范》中有关规定。

6.4.4 振动的测试

游乐设施的振动对其精度、寿命和可靠性都会产生影响。振动测量从本质上说属于动态测量，测振传感器检测的信号是被测对象在某种激励下的输出相应信号。振动测试的主要目的是通过对激励和响应信号的测试分析，找出系统的动态特性参数，包括固有频率、固有振型、模态质量、模态刚度、模态阻尼比等。

1. 振动参量的测量

振动参量是振幅、频率、相位角和阻尼比等物理量。

（1）振幅的测量。

振动量的幅值是时间的函数，常用峰值、峰峰值、有效值和平均绝对值来表示。峰值是从振动波形的基线位置到波峰的距离，峰峰值是正峰值到负峰值之间的距离。在考虑时间过程时常用有效（均方根）值和平均绝对值表示。有效值和平均绝对值分别定义为：

$$Z_{有效} = \sqrt{\frac{1}{T} \int_0^T z^2(t) \, d_t} \tag{6-6}$$

$$Z_{平均} = \frac{1}{T} \int_0^T |z(t)| \, d_t \tag{6-7}$$

（2）谐振动频率的测量。

谐振动的频率是单一频率，测量方法分直接法和比较法两种。直接法是将拾振器的输出信号送到各种频率计或频谱分析仪直接读出被测谐振动的频率。在缺少直接测量频率仪器的条件下，可用示波器通过比较测得频率。常用的比较法有录波比较法和李沙育图形法。录波比较法是将被测振动信号和时标信号一起送入示波器或记录仪中同时显示，根据它们在波形图上的周期或频率比，算出振动信号的周期或频率。李沙育图形法则是将被测信号和由信号发生器发出的标准频率正弦波信号分别送到双轴示波器的 y 轴及 x 轴，根据荧屏上呈现出的李沙育图形来判断被测信号的频率。

2. 振动测试系统的组成

振动信号测试系统主要由智能加速度传感器、高级信号调理和数据采集系统、移动工作站等设备组成。测试信号的流程如图 6 - 3 所示。

图 6 - 3　测试中信号的流程

根据游乐设施的结构特定布置传感器测试方向与布置位置，通过对采集到的振动加速度信号进行时域分析，可以得到各时间段的振动幅值；通过对振动加速度的时频分析，可以得到振动频率分布云图。

振动测试的注意事项及评定原则：

（1）选用仪器不能片面地追求宽频带、高灵敏度等某项指标，而应该结合所研究对象的主要频率范围和最需要的频率及幅值，选用适当的仪器，否则会导致次要的频率成分淹没了需要的关键的频率成分而得出错误的结果；

（2）首先要注意传感器的安装和测点布置位置能否反映被测对象的振动特征；

（3）传感器与被测物需良好固定，保证紧密接触，连接牢固，振动过程中不能有松动；

（4）考虑固定件的结构形式和寄生振动问题。

本章介绍了国内外游乐设施安全管理与监督的法律、法规，以及检验机构及检验人员的相应规定。分析了状态运行监测的必要性以及研究现状，确定进行运行状态精确检测的关键技术指标。根据游乐设施的特点分别对加速度、速度、应力应变、振动测试的设备、测试方法、评判依据进行了深入的研究。

参考文献

［1］包金宇，廖文和，等．虚拟样机技术初探［J］．机械制造与自动化，2003（6）：1－3，6．

［2］陈静．大型游艺设备——原子滑车虚拟建模及动态仿真技术研究［D］．北京：北京机械工业学院，2005．

［3］陈礼，关伟．原子滑车动力学建模与仿真［J］．中国工程机械学报，2010，8（4）：400－403．

［4］陈立平，张云清，任卫群，等．机械系统动力学分析及 ADAMS 应用教程［M］．北京：清华大学出版社．

［5］陈世刚．基于 Pro/Engineer 的渐开线形星齿轮减速器三维参数化 CAD 系统［D］．大连：大连交通大学，2005．

［6］陈晓东．基于 Pro/Engineer 平台零件库的二次开发［D］．兰州：兰州理工大学，2005．

［7］陈营．基于 Pro/Engineer 的机械零件参数化特征库的研究［D］．济南：山东大学，2007．

［8］程学朋．基于特征的三维模型参数化设计［D］．沈阳：沈阳理工大学，2012．

［9］邓明星，张强．双层转马三维有限元分析［J］．长江大学学报：自然科学版理工卷，2012（8）：143－146．

［10］邓志党．机械系统动力学分析及 ADAMS 应用教程［M］．北京：清华大学出版社，2005．

［11］杜平安，甘娥忠，于亚婷．有限元法——原理、建模及应用［M］．北京：国防工业出版社，2004．

［12］方铭杰．客运索道关键部件在线遥测及检测系统设计与开发［D］．北京：北京邮电大学，2009．

[13] 高青军. 基于绘图过程的参数化设计方法 [J]. 机电一体化, 2000 (2): 30 – 33.

[14] 谷叶水. 客车车身骨架结构有限元分析与研究 [D]. 合肥: 合肥工业大学, 2005.

[15] 顾梅英. 游乐设施行业的现状及发展 [J]. 起重运输机械, 2009 (2): 12 – 13.

[16] 韩志强. 基于 Pro/E 的零件参数化设计及自动装配技术的研究与实现 [D]. 西安: 长安大学, 2007.

[17] 郝利剑, 张宏波, 李晓辉, 等. 中文版 Pro/EngineerWildfire 基础教程 [M]. 北京: 清华大学出版社, 2004: 108 – 130.

[18] 郝云堂, 金烨, 等. 虚拟样机技术及其在 ADAMS 中的实践 [J]. 机械设计与制造, 2003 (3): 16 – 18.

[19] 何刚, 刘作成. PRO/Engineer 2000i 基础与实例教程 [M]. 北京: 北京希望电子出版社, 2000.

[20] 胡标, 许志沛, 袁科, 等. 基于有限元分析的游乐设施关键构建承载研究 [J]. 特种设备安全技术, 2009 (6): 1 – 4.

[21] 胡光忠, 杨随先. 基于 solidworks 的叶片参数化系统的开发 [J]. 机械设计与制造, 2004 (2): 28 – 29.

[22] 胡于进, 王璋奇. 有限元分析及应用 [M]. 北京: 清华大学出版社, 2009.

[23] 黄恺. Pro/E 参数化设计高级应用教程 [M]. 北京: 化学工业出版社, 2008.

[24] 江波. 基于 Pro/E 二次开发的铁道客车结构三维参数化 CAD 系统 [J]. 机械设计与制造工程, 2002 (31): 58 – 59.

[25] 姜士湖, 闫相桢. 虚拟样机技术及其在国内的应用前景 [J]. 机械, 2003, 3 (2): 4 – 6.

[26] 金宁, 周茂军. CAD/CAM 技术 [M]. 北京: 北京理工大学, 2013.

[27] 李伯虎, 柴旭东, 熊光楞, 等. 复杂产品虚拟样机工程的研究与初步实践 [J]. 系统仿真学报, 2002 (3): 336 – 441.

[28] 李朝阳, 欧阳亮. 汽轮机 3D 平台设计与研究 [J]. 系统仿真学报, 2014 (10): 2374 – 2380.

[29] 李根, 朱玉田, 谢波. 基于加速度信号的过山车检测预警系统设计 [J]. 传感器与微系统, 2012 (8): 100 – 106.

[30] 李果, 张广明, 凌祥, 等. 基于 Multi – Agent 的大型游乐设施远程安全监控

预警系统［J］. 计算机测量与控制，2010，18（4）：824 – 826.

［31］李世国. Pro/Toolkit 程序设计［M］. 北京：机械工业出版社，2003.

［32］李世国，何建军. 基于 Pro/E 零件模型的参数化设计研究［J］. 机械设计与研究，2003，19（3）：36 – 37.

［33］李松，汤庸. Visual C + +6.0 程序设计教程［M］. 北京：冶金工业出版社，2000.

［34］李增刚. ADAMS 入门详解与实例［M］. 北京：国防工业出版社，2009.

［35］李治宇，杨彦广，袁先旭. 返回舱模型参数化方法研究［J］. 计算机仿真，2013（1）：104 – 109.

［36］梁朝虎，秦平彦，林伟明，等. 基于虚拟仿真的原子滑车轮架疲劳寿命分析［J］. 中国安全科学学报，2008，18（7）：34 – 38.

［37］梁朝虎，沈勇，鄂立军，等. 游乐设施 G 加速度分析与判别方法［J］. 中国安全科学学报，2008，18（7）：31 – 35.

［38］梁晶辉. 管桁架结构静力性能的精细化有限元分析［D］. 哈尔滨：哈尔滨工业大学，2012.

［39］林伟明. 典型游乐设施复杂工况下风险评估及故障预防研究［D］. 北京：北京化工大学，2013.

［40］林伟明，肖原，叶建平，等. 大型游乐设施的多级综合安全评价方法研究［J］. 微计算机信息，2010（6）：51 – 52.

［41］刘琨. 环形过山车直线电机直线驱动控制系统研究［D］. 沈阳：沈阳工业大学，2003.

［42］刘鹏霄. 三环过山车整体结构安全性分析［D］. 太原：太原科技大学，2013.

［43］刘锡锋，董黎敏. 机械 CAD – Pro/E 应用及开发［M］. 北京：北京机械出版社，2002.

［44］刘晓卉，许志沛，王璋，等. "双人飞天"游艺机主臂设计校核的有限元分析［J］. 机械设计与制造，2012（3）：206 – 207.

［45］柳锐. 复杂杆系结构有限元分析系统研究与实现［D］. 沈阳：东北大学，2011：9 – 14.

［46］陆雾卉. 基于 Pro/E 铸造工程三维图库的开发［J］. 计算机应用，2002，（1）：39 – 41.

［47］梅琼风，严忠胜，龚香全，等. 基于 pro/e 的离合器参数化 cad 系统［J］. 机械传动，2009（1）：61 – 62.

［48］聂永芳，曹永华，朱坤．基于 adams 的抓取机器虚拟样机的运动仿真［J］．煤矿机械，2015（5）：97－99.

［49］秦汝明．参数化机械设计［M］．北京：机械工业出版社，2009.

［50］邱海飞，赵勇钢．基于 pro/toolkit 与 vc＋＋的减速器参数化设计系统二次开发［J］．制造业自动化，2013（5）：20－22.

［51］邱恒俊．特种设备安全监察工作实用手册［M］．北京：中国质检出版社，2013.

［52］尚晓江，邱峰，赵海峰，等．ANSYS 结构有限元高级分析方法与范例应用［M］．北京：中国水利水电出版社，2008.

［53］史晓航，牛秦洲．基于 pro/toolkit 二次开发机床零件参数化变形研究与实现［J］．机床与液压，2014（22）：1－4.

［54］宋继红，谢铁军，石家骏．特种设备法规标准体系战略研究［C］．第七届全国压力容器学术会议论文集，2009，10.

［55］宋玉银，蔡复之．基于特征设计的 CAD 系统［J］．计算机辅助设计与图形学学报，1998（10）：145－151.

［56］宿艳彩．基于 ANSYS 软件的桥架结构参数化有限元分析［D］．成都：西南交通大学，2006：8－20.

［57］特种设备安全监察条例［Z］．（中华人民共和国国务院令第549号）.

［58］童秉枢．参数化计算机绘图与设计［M］．北京：清华大学出版社，1997.

［59］汪惠群．基于虚拟样机的刚性体原子滑车与柔性连接件原子滑车的动力学仿真比较［J］．上海电机学院学报，2009，12（1）：25－28.

［60］汪惠群，郑建荣．大型游艺机——过山车的安全性分析［J］．中国安全科学学报，2006（2）：43－46.

［61］汪惠群，郑建荣．基于虚拟样机仿真的原子滑车连接件瞬态应力分析［J］．机械设计，2010，27（12）：25－29.

［62］汪惠群，郑建荣．简论虚拟样机技术在原子滑车设计上的可行性［J］．上海电机技术高等专科学校学报，2003，6（1）：9－11.

［63］王红军，韩秋实，刘国庆．高速滑车立环轨道的有限元建模和分析［J］．北京机械工业学院学报，2004，19（3）：18－21.

［64］王红军．基于 DEFORM 软件车削加工仿真的研究［J］．CAD/CAM 与制造业信息化，2002（9）：57－59.

［65］王红军，刘国庆．基于 ANSYS 的原子滑车座椅支架的建模与分析［J］．现代制造工程，2004（8）：61－62.

[66] 王红军，刘国庆．原子滑车车架和桥壳的有限元分析 ［J］．北京机械工业学院学报，2008（9）：25－29．

[67] 王红军，刘国庆．原子滑车轮架的有限元分析 ［J］．机械研究与应用，2004，17（6）：79－82．

[68] 王红军，罗成欣．虚拟样机技术在原子滑车厢体设计中的应用研究 ［J］．机械设计与制造，2004（2）：83－84．

[69] 王红军，王玮玮．基于 Delphi 和 OpenGL 的原子滑车轨道设计平台研究 ［J］．微计算机信息，2009（9）：257－259．

[70] 王红军，夏丽华．基于 Pro/E 的原子滑车底盘虚拟设计技术研究 ［J］．机床与液压，2005（3）：43－45．

[71] 王红军，颜景润，钟建琳．原子滑车数字化设计平台的开发技术研究 ［J］．机械研究与应用，2007，20（1）：105－107．

[72] 王继祥，张伟忠，殷炳来，等．客运索道设备运行状态检测系统 ［J］．山东科学，2009（10）：115－117．

[73] 王连柱．悬挂过山车运行动态仿真研究 ［D］．北京：北京交通大学，2007．

[74] 王文波．Pro/E4.0 二次开发实例解析 ［M］．北京：清华大学出版社，2010．

[75] 王新义．过山车类游艺机在现代乐园中的地位与作用 ［J］．中国游艺机游乐园年鉴，1997（4）：293－299．

[76] 王业，张广明，黄凯．基于 GIS 可视化的游乐设施在线检测与评估系统 ［J］．计算机工程与设计，2009，30（19）：4571－4574．

[77] 王政，党军锋，许文涛．基于 PRO/ENGINEER 的 WFCAD 系统菜单的开发 ［J］．甘肃大学学报，2003，29（1）：26－28．

[78] 文福安．最新计算机辅助设计参数化和基于特征的实体造型 ［M］．北京：北京邮电大学，2000．

[79] 吴鸿庆，任侠．结构有限元分析 ［M］．北京：中国铁道出版社，2002．

[80] 武思宇，罗伟．ANSYS 工程计算应用教程 ［M］．北京：中国铁道出版社，2004．

[81] 肖原，陈若蒙，郑志涛．随行加速度数据记录仪在游乐设施测试的应用 ［J］．中国特种设备安全，2006，8（2）：41－44．

[82] 辛虎君．三环过山车运动学与动力学仿真及结构疲劳分析 ［D］．太原：太原科技大学，2012．

[83] 熊光楞，李伯虎，等．虚拟样机技术 ［J］．系统仿真学报，2001，13（1）：114－117．

［84］闫雪峰，段国林，许红静．面向复杂机电系统虚拟样机技术研究综述［J］．计算机集成制造系统，2014（11）：2652－2659.

［85］闫雪峰，段国林，姚涛，等．复杂产品虚拟样机元建模［J］．计算机集成制造系统，2015（4）：934－940.

［86］颜景润．基于Pro/E的游乐设备数字化设计平台的开发［D］．北京：北京机械工业学院，2006.

［87］颜景润，王红军．基于Pro/E的游乐设备数字化设计平台的开发［J］．科学技术与工程，2005，5（16）：1195－1199.

［88］杨青，陈东祥，胡冬梅．基于Pro/Engineer的三维零件模型的参数化设计［J］．机械设计，2006（9）：53－56.

［89］叶建平，管坚，肖原．基于B/S结构的游乐设施检测管理系统研究［J］．武汉理工大学学报，2006（4）：289－292.

［90］银明，杨瑞刚．过山车轨道三维建模方法研究［J］．技术与市场，2011（18）：21－22.

［91］尹建伟．基于特征造型的轴类零件的自动化参数化绘图方法［J］．计算机辅助设计与图形学学报，2000（3）：220－225.

［92］于泽涛．基于虚拟样机技术的原子滑车仿真研究［D］．大连：大连理工大学，2009.

［93］张斌．特种设备安全技术［M］．北京：化学工业出版社，2013.

［94］张晶，王红军，王丹．基于虚拟样机的原子滑车的建模与仿真技术研究［J］．北京机械工业学院学报，2008（3）：38－41.

［95］张磊．客运索道数字化监控系统的研究与应用［D］．山东：山东大学，2011.

［96］张强．基于Pro/E的圆柱齿轮减速器参数化CAD系统的研究与开发［D］．西安：西安电子科技大学，2009.

［97］张荣忠．美国旋转木马和过山车游乐乘骑标准［J］．标准生活，2009（7）：48－57.

［98］张万岭．特种设备安全［M］．北京：中国质检出版社，2006.

［99］张新东，张煜，李向东，等．基于事故统计的大型游乐设施危险性分析和安全防范措施研究［J］．中国特种设备安全，2015（2）：21－25.

［100］张勇，秦平彦，林伟明，等．大型游乐设施运行状态测试系统及关键技术研究［J］．中国安全科学学报，2008（12）：166－171.

［101］张煜，张新东，李向东，等．我国大型游乐设施风险分析研究［J］．中国

安全生产科学技术，2013（9）：160 – 163.

［102］赵经文，王宏玉. 结构有限元分析［M］. 北京：科学出版社，2002.

［103］郑建荣. ADAMS—虚拟样机技术入门与提高［M］. 北京：机械工业出版社，2001.

［104］郑建荣，汪惠群. 过山车虚拟样机的建模与动态仿真分析［J］. 机械设计与研究，2004（4）：74 – 77.

［105］郑建荣，汪惠群. 简述虚拟样机技术在过山车设计上的可行性［J］. 上海电机技术高等专科学校学报，2003，6（1）：9 – 11.

［106］郑相周，唐国元. 机械系统虚拟样机技术［M］. 北京：高等教育出版社，2010.

［107］中华人民共和国特种设备安全法［J］. 中华人民共和国全国人民代表大会常务委员会公报，2013（4）：486 – 498.

［108］仲卫利. 基于特征的三维参数化磨床关键部件 CAD 系统研究［D］. 湖南：湖南大学，2003.

［109］周述清. 大型游乐设施的安全评价探析［J］. 信息系统工程，2014（8）：75.

［110］ANN – MARIE PENDRILL. Rollercoaster loop shapes［J］. Physics Education，2005（40）：517 – 521.

［111］ARNE B NORDMARK，HANNO ESSEN. The comfortable roller coaster – on the shape of tracks with a constant normal force［J］. European Journal of Physics，2010（31）：1307 – 1317.

［112］BALICK LEE K，RODGER ANDREW P，CLODIUS WILLIAM B. Multitispevtral thermal imager land surface temperature retrieval frame work［C］. Proc. of SPIE，2004（5232）：409 – 509.

［113］BIN HE，WEN TANG，JINTAO CAO. Virtual prototyping – based multibody systems dynamics analysis of offshore crane［J］. The International Journal of Advanced Manufacturing Technology，2014（75）：161 – 180.

［114］BLASZCZAK D R. The roller coaster experiment［J］. American Journal of Physics，1991，59（3）：283 – 285.

［115］C A TENAGLIA. Design of a Roller Coaster System through Graphical Simulation［J］. DECEMBER，1999（121）：640 – 646.

［116］CHOI，H I，HAN C Y. Euler – rodrigues frames on spatialPythagorean – hodograph curves［J］. Computer Aided Geometric Design，2002，19（8）：603 – 620.

［117］ COMPANY P, CONTERO M, CONESA J, et al. Anoptimization – based re – construction engine for 3D modeling by sketching ［J］. Computers & Graphics, 2004, 28 （6）: 955 – 979.

［118］ DORU TALABA, CSABA ANTONYA. Virtual prototyping of mechanical systems with tool mediated haptic feedback ［J］. Engineering with Computers, 2014 （4）: 569 – 582.

［119］ DS MEEK, DJ WAITON. An arc spline approximation to a clothoid ［J］. Journal of Computational and Applied Mathematics, 2004 （170）: 59 – 77.

［120］ FARIN G E, BÉZIER P, BOEHM W. Curves and surfaces for computer – aidedgeometric design ［M］. San Diego: Academic Press, 1997.

［121］ FERRISE FRANCESCO, BORDEGONI MONICA, CUGINI UMBERTO. Interactive virtual prototypes for testing the interaction with new products ［J］. Computer – Aided Design and Applications, 2013 （3）: 515 – 525.

［122］ FIRELANDS COLL. Bowling Green State Univ. , Huron, OH. Physics and roller coasters – the blue streak at cedar point ［J］. American Journal of Physics, 1991, 59 （6）: 528 – 33.

［123］ FLANAGAN, STEVE. Sharing the table for improved recreational facilities ［J］. Environmental Design and construction, 2014 （17）: 11 – 14.

［124］ FRIEDRICH PFEIFFER. Dynamics of roller coasters ［C］. International Design Engineering Technical Conferences & Computers and Information in Engineering Conference, 2005.

［125］ FRIEDRICH PFEIFFER, MARTIN FOERG, HEINZ ULBRICH. Numericao aspects of non – smooth multibody dynamics ［J］. Computer methods in applied mechanics and engineering, 2006 （195）: 6891 – 6908.

［126］ GB/T18159 – 2008 滑行车类游艺机通用技术条件 ［S］. 北京: 中国国家标准化管理委员会, 2008.

［127］ GB8408 – 2008 游乐设施安全规范 ［S］. 北京: 中国国家标准化管理委员会, 2008.

［128］ GENING XU, HUJUN XIN, FENGYI LU, et al. Kinematics and Dynamics, Simulation Research for Roller Coaster Multi – Body System. Advanced Materials Research ［J］, 2011, 10 （421）: 276 – 280.

［129］ GIPVANNI MENEGHETTI, BRUNO ATZORI, GIAMPIERO MANARA. The Peak Stress Method applied to fatigue assessments of steel tubular welded joints subject to model loading ［J］. Engineering Fracture Mechanics, 2010 （77）: 2100 – 2114.

［130］HUSEYIN FILIZ I, EYERCIOGLU O. Evaluation of Gear Tooth Stresses by Finite Element Method ［J］. Journal of Engineering for Industry, 1995 (5): 232 – 292.

［131］HYO – SUNG AHN, YANGQUAN CHEN, KEVIN L. Moore, etc. Stability analysis and control of repetitive trajectory systems in the state – domain: roller coaster application ［C］. 22nd IEEE international symposium on intelligent control part of IEEE multi – conference on systems and control Singapore, 2007.

［132］J H KUANG, Y T YANG. Roller coaster ride ［J］. New Electronics, 2004, 37 (10): 63.

［133］JOAO POMBO, JORGE AMBROSIO. Modelling tracks for roller coaster dynamics ［J］. International Journal of Vehicle Design. 2007 (45): 470 – 500.

［134］JOO, SUNG – HWAN, CHANG, et al. Design for safety of recreational water slides ［J］. Mechanics of Structures and Machines, 2001 (2): 261 – 294.

［135］KATSUHISA FUJITA, KOICHI KATSUOKA, HIROAKI TOSHIMITSU. Dynamics of two – wheels modeling roller coaster running on a complicated 3 dimensional (3D) Trajectory considering air resistance ［J］. Journal of System Design and Dynamics, 2011 (5): 403 – 415.

［136］KATSUHISA FUJITA, YUJI FUNAKOSHI, CHIHIRO NAKAGAWA. Analysis Methods for the Motion and Vibration of a Moving Body on the Complicated 3D Trajectory ［C］. ASME, 2005International Design Engineering Technical Conferences and Computers and Information in Engineering Conferenee. 2005.

［137］KATSUSHISA FUJITA, TETSUYA KIMURA. Motion and Vibration Analysis of a Roller coaster ［J］. Journal of the Engineering for Industry, 1973, 95 (2): 1108 – 1114.

［138］KECSKEMÉTHY A, HILLER M. An object – oriented approach for an effective for mulation of multibody dynamics ［J］. Computer Methods in Applied Mechanics and Engineering, 1994 (115): 287 – 314.

［139］K SCHOTT, J TOBOLA. Spatial tracks in multibody simulation. Theory and simple roller coaster example ［J］. PAMM, 2003 (3): 162 – 163.

［140］KUO CHIEN – FU, WANG MAO – JIUN J. Motion generation and virtual simulation in a digital environment ［J］. International Journal of Production Research, 2012 (50): 6519 – 6529.

［141］MAUREEN BYKO. Materials give roller coaster enthusiasts a reason to scream ［J］. JOM, 2002 (54): 16 – 20.

［142］MC GOVERN, JOHN. U. S. access board adopts recreation facility accessibility guidelines [J]. Parks and Recreation, 2002 (6): 44.

[143] MORENCY, RICHARD. Development and application of a combined imaging and modeling technique for determining biomechanical response of roller coaster passengers [J]. American Society of Mechanical Engineers, Bi, 2002 (54): 55 – 56.

[144] MOTTER D, KALLAY M. Using constrained optimization in curve editing [P]. http://www. freepatentsonline. com/7057616. html, patent: 7057616, 2006 (6).

[145] MUSHKIN AMIT, BALICK LEE K, GILLESPIE ALANR. Extending surface temperature and emissivity retrieval to the mid – infrared (3 ~ 5μm) using the Multispectral thermal imager [J]. Remote sensing of environment, 2005 (98): 141 – 151.

[146] NICK. Coaster – 101: Daily Inspections [EB/OL]. http://www. coaster101. com/2011/01/31/coasters – 101 – daily – inspections/, 2011 – 01 – 31/2015 – 01 – 20.

[147] NICK. Coaster – 101: Launch Systems [EB/OL]. http://www. coaster101. com/2013/10/08/coasters – 101 – launch – systems/, 2013 – 10 – 8/2015 – 01 – 20.

[148] NICK. Coaster – 101: Lift Hills [EB/OL]. http://www. coaster101. com/2013/09/25/coasters – 101 – lift – hills/, 2013 – 09 – 25/2015 – 01 – 20.

[149] NICK. Coaster – 101: Trcak Modeling [EB/OL]. http://www. coaster101. com/2011/03/16/coasters – 101 – track – modeling/, 2011 – 3 – 16/2015 – 01 – 20.

[150] NICK. Coaster – 101: Wheel Design [EB/OL]. http://www. coaster101. com/2011/10/24/coasters – 101 – wheel – design/, 2011 – 10 – 24/2015 – 01 – 20.

[151] RILEY, RALPH. Recreation facility management, design, development operations andutilization [J]. Managing Leisure, 2010 (4): 311 – 313.

[152] Parametric Technology Corporation [R]. Pro/Toolkit Use's Guide. USA: PTC, 2001.

[153] PFEIFFER F, FOERG M, ULBRICH H. Numerical aspects of non – smooth multibody dynamics [J]. Computer methods in applied mechanics and engineering, 2006 (195): 6891 – 6908.

[154] PFEIFFER F, GLOCKER C. Multibody Dynamics with Unilateral contacts [M]. Berlin: John Wiley &Sons., 1996.

[155] PIEGL, L TILLER W. Curve and surface constructions using rational B – splines [J]. Computer – Aided Design, 1987, 19 (9): 485 – 498.

[156] POMBO J, AMBROSIO J. General spatial curve joint for rail guided vehicles: kinematics and dynamics [J]. Mulitibody System Dynamics, 2003 (9): 237 – 264.

[157] POMBO J. A mulitibody methodology for railway dynamics applications [D].

Portugal：Universidade Técnica de Lisboa，2004.

［158］POST，DOUGLASS. Product development with virtual prototypes ［J］. Computing in Science and Engineering，2014（6）：4－7.

［159］RAINER MÜLLER. Roller coasters without differential equations－aNewtonian approach to constrained motion ［J］. European Journal of Physics，2010（31）：835－848.

［160］RATIIOD C，SHABANA A A. Geometry and differentiability requirements in multi－body railroad vehicle dynamic simulation ［J］. Nonlinear Dynamics，2007（1）：249－261.

［161］RILEY，RALPH. Recreation facility management，design，development.

［162］ROBERT LEAMON BRIDGES. A study of a roller coaster project in Asia ［D］. Johnson City：East Tennessee State University，2010.

［163］RUILANG PU，PENG GONG，RYO MICHISHITA. Assessment to fmulti－resolution and multi－sensor data for urban surface temperature retrieval ［J］. Remote sensing of Environmeng，2006，104（2）：211－225.

［164］SAEED MOAVENI. 有限元分析：ANSYS 理论与应用：theory and application with ANSYS ［M］. 北京：电子工业出版社，2008.

［165］SCHOTT K，TOBOLÁR J. Spatial track in multibody simulation－theory and simple roller coaster example ［C］. In proceedings of the annual scientific conference of GAMM，2003（3）.

［166］SCHUSTER W. A closed algebraic interpolation curve ［J］. Computer Aided Geometric Design，2000（17）：631－642.

［167］SELBURN，JORDAN. Vibration analysis of a roller coaster ［C］. Proceedings of the ASME Design Engineering Technical Conference. 2001.

［168］SHOEWMAKE K. Animating rotations with quaternion curves ［J］. Siggraph，1985，19（3）：245－254.

［169］SOBRINO JA，ROMAGUERA M. Land surface temperature retrieval from MSG1－SEVIRI data ［J］. Remote sensing of Environment，2004（92）：247－254.

［170］SUGAYA Y，KANATANI K. Multi－stage unsupervised learning for multi－body motion segmentation ［C］. IEICE Transactions oninformation and systems，2004.

［171］TANDI，MARTIN. Dynamic simulation and design of roller coaster motion ［D］. Fortschritt－Berichte VDI. Reihe 20，Rechnerunterstuetzte Verfahren. 2009.

［172］TANDL M，KECKEMÉTHY A，SCHNEIDER M. A design environment for industrial roller coasters ［C］. In proceedings of the ECCOMAS Thematic Conference on advances in computational multibody Dynamics, 2007.

[173] TRAYLOR, SHAWN, KOUCKY. Push 220 motors launch the incredible hulk coaster [J]. Machine Design, 2003 (75): 50 – 51.

[174] T S MICHAEL1, WILLIAM N TRAVES. Independence Sequences of Well – Covered Graphs: Non – Unimodality and the Roller – Coaster Conjecture [J]. Graphs and Combinatorics, 2003 (19): 403 – 411.

[175] WANG H. Efficient roadway modeling and behavior control for real – time simulation [D]. USA: theuniversity of Iowa, 2005.

[176] WANG, HONGJUN, WANG HONGFENG. The dynamic simulation model of suspended roller coaster based on virtual prototype, Proceedings of ICEIT 2010—2010 [C] //International Conference on Educational and Information Technology, 1: 1193 – 1196.

[177] WILSON , JIM. World's fastest coaster [J]. Popular Mechanics, 2002 (179): 28 – 29.

大型游乐设施设计文件鉴定规则（试行）

第一条 为规范设计文件鉴定工作，保证大型游乐设施的安全，根据《特种设备安全监察条例》的规定，制定本规则。

第二条 大型游乐设施设计文件鉴定，是指对大型游乐设施设计的安全技术性能进行的审查。

符合《实施设计文件鉴定的大型游乐设施范围》附件1中的大型游乐设施，在制造、安装、改造前，设计文件必须按照本规则要求进行鉴定。

第三条 国家质量监督检验检疫总局（以下简称国家质检总局）负责全国大型游乐设施设计文件鉴定工作的监督管理，县以上地方质量技术监督部门负责本行政区域内大型游乐设施设计文件鉴定工作的监督检查。

第四条 经国家质检总局核准的检验检测机构（以下简称鉴定机构），负责开展大型游乐设施设计文件鉴定工作。鉴定机构应具备下列条件。

（一）国家级大型游乐设施检验机构，有5年以上大型游乐设施专业工作历史，具有法人资格；

（二）不从事大型游乐设施设计、制造、安装、改造、维修保养和销售等经营性活动；

（三）配备5名以上专业配置合理的设计文件鉴定人员；

（四）建立并保持设计文件鉴定工作质量管理体系；

（五）具有固定的办公场所、通信设备、档案保管存放条件；

（六）有相关法律、法规、规章、安全技术规范和标准等资料。

第五条 鉴定机构的设计文件鉴定人员应当具备下列条件，并经过国家质检总局考核：

（一）掌握与大型游乐设施相关的法律、法规、规章和安全技术规范，熟悉相关技术标准；

（二）具有机械或电气类专业大学本科以上学历和国家承认的工程师以上技术职称或具有机械或电气类专业大学专科以上学历和国家承认的高级工程师以上技术职称（鉴定报告审核人员应当为高级工程师），并有5年以上从事大型游乐设施设计、检验等相关工作经历；

（三）遵纪守法，坚持原则，客观公正，实事求是，作风正派，廉洁自律；

（四）受聘于相关的鉴定机构，不从事大型游乐设施设计、制造、安装、改造、维修保养和销售等经营性活动。

第六条　大型游乐设施设计单位应当按照《游乐设施安全技术监察规程（试行）》等相关安全技术规范和相应国家标准的安全技术要求进行设计，对设计的大型游乐设施的安全技术性能负责。

第七条　提交鉴定的设计文件应当经过本设计单位审核、批准，包括以下中文或者英文资料：设计说明书、设计计算书、图纸、电气资料、产品使用维修说明书及其他相关资料等。详细要求见《大型游乐设施设计文件鉴定资料目录》（附件2）。

第八条　大型游乐设施的生产（含设计、制造、安装、改造、维修）、使用等单位，均可以向鉴定机构提出设计文件鉴定申请。申请设计文件鉴定的单位（以下简称申请单位），可以从相关网站下载或自行复制《大型游乐设施设计文件鉴定申请表》（附件3），（以下简称申请表），填写后同附件2规定的文件资料一起，邮寄或者直接送达鉴定机构。

设计资料不便于寄送的，申请单位可以申请鉴定机构到设计、制造、安装等场所进行设计文件现场鉴定。现场鉴定的，可以在鉴定地点提交附件2规定的文件资料。

第九条　鉴定机构在收到申请表5个工作日内，应向申请单位发出受理决定。不予受理的，应书面说明理由。同意进行现场鉴定的，应与申请单位约定鉴定时间、地点。

第十条　鉴定机构应当依据下列国家安全技术规范和标准，开展设计文件鉴定工作：

（一）《游乐设施安全技术监察规程（试行）》、《滑索安全技术要求（试行）》、《蹦极安全技术要求（试行）》等安全技术规范；

（二）《游艺机和游乐设施安全》（GB 8408）、相应各类游艺机通用技术条件（GB 18158—18169）、《滑道设计规范》（GB/T 18878）和《滑道安全规范》（GB/T 18879）等国家标准；

（三）没有国家安全技术规范或国家标准的，可以依据有关规定制定行业标准或企业标准进行设计文件鉴定。

第十一条　鉴定机构应当根据所鉴定大型游乐设施的型式和技术情况，按照《大型游乐设施设计文件鉴定内容与要求》（附件 4）的规定，确定设计文件鉴定的项目、内容和要求。

第十二条　鉴定机构应根据本规则制定鉴定工作程序和统一的鉴定记录，并严格控制鉴定过程。鉴定人员应不少于 2 名，工作应认真填写各个项目的计算校核数据及鉴定结果。鉴定工作结束后，原始记录应当存档。

第十三条　鉴定机构应在发出受理通知 15 个工作日内完成鉴定，因申请单位的过失或不可抗力因素延误的可以顺延。

鉴定合格的，应当在前款规定期限内向申请单位出具《大型游乐设施设计文件鉴定报告》（附件 5），（以下简称鉴定报告）。现场鉴定合格的，可以先向申请单位出具《大型游乐设施设计文件鉴定意见书》（附件 6），（以下简称鉴定意见书），并在 10 个工作日内出具鉴定报告。

鉴定不合格的，鉴定机构应出具鉴定意见书，提出整改意见。申请单位根据整改意见处理，在鉴定意见书上填写处理结果，并将修改后的文件交原鉴定机构复审。鉴定机构应当在收到复审文件后 10 个工作日内完成复审，并出具鉴定报告。复审不合格要求再次进行设计文件鉴定的，应当按照本规则重新申请。

第十四条　鉴定报告的内容、格式应当符合附件 5 的规定，结论页必须有鉴定、审核、批准人员签字和鉴定机构印章。鉴定报告的编号应当符合国家质检总局《关于公布〈特种设备制造许可申请书〉等有关文书格式的通知》（质检锅函〔2003〕39 号）要求。

对于涉及安全的主要受力结构、重要零部件等不得随意变动的部分，鉴定机构应当在鉴定报告中说明。

第十五条　申请单位通过设计文件鉴定后，可以向国家质检总局核准的大型游乐设施型式试验机构申请型式试验。型式试验通过后，申请单位应将型式试验报告送原鉴定机构，原鉴定机构在所鉴定的总图和主要部件图及设计计算书等设计文件上盖特种设备设计文件鉴定专用章，并填写《大型游乐设施设计文件鉴定盖章资料清单》（附件 7）。

第十六条　鉴定机构应当本着保证安全的原则，确定鉴定所覆盖的产品技术参数范围，并在所覆盖产品的设计文件上加盖鉴定专用章。

第十七条　鉴定机构应定期将通过鉴定的设计文件名单报国家质检总局备案，国家质检总局将定期公告。

第十八条　申请单位对鉴定结论、复审意见有异议的，可以在 15 日内向鉴定机构提出书面申诉，鉴定机构应当在 15 个工作日内给予书面答复。申请单位对答复仍有异议的，可以在 15 日内向国家质检总局特种设备安全监察机构提出书面申诉。

第十九条 鉴定合格的大型游乐设施设计文件，如变动主要受力结构、重要零部件等涉及安全的部分，必须经原设计单位和鉴定机构审核同意。

因设计单位名称变更，需在已经鉴定的设计文件上变更设计单位名称的，申请单位可以凭设计单位名称变更凭证，向鉴定机构申请变更。

第二十条 鉴定机构及其鉴定人员对所出具的鉴定结论负责。

鉴定机构和参加鉴定的人员应当保守申请单位技术和商业秘密。

第二十一条 鉴定机构、鉴定人员以及大型游乐设施生产、使用单位违反本规则规定，按照《特种设备安全监察条例》的有关规定查处。

第二十二条 鉴定机构依照本规则开展设计文件鉴定，按照国家有关规定收取费用。

第二十三条 本规则由国家质检总局负责解释。

第二十四条 本规则自公布之日起试行。

附件：1. 实施设计文件鉴定的大型游乐设施范围

2. 大型游乐设施设计文件鉴定资料目录

3. 大型游乐设施设计文件鉴定申请表（格式）

4. 大型游乐设施设计文件鉴定内容与要求

5. 特种设备设计文件鉴定报告（格式）

6. 大型游乐设施设计文件鉴定意见书（格式）

7. 大型游乐设施设计文件鉴定盖章资料清单（格式）

附件1：

实施设计文件鉴定的大型游乐设施范围

主要运动特点	主要技术参数	产品举例
绕水平轴转动或摆动	高度≥30m 或摆角≥45°	观览车、太空船、海盗船、飞毯、流星锤等
绕可以变倾角的轴旋转	倾角≥45° 或回转直径≥8m	陀螺、三星转椅、飞身靠壁、勇敢者转盘等
沿架空轨道运行或提升后惯性滑行	速度≥20km/h 或轨道高度≥3m	滑行车（过山车）、滑道、疯狂老鼠、滑索、矿山车、激流勇进、弯月飞车等
绕垂直轴旋转、升降	回转直径≥10m 或运行高度≥3m	章鱼、波浪秋千、超级秋千、自控飞机等
用挠性件悬吊并绕垂直轴旋转、升降	高度≥30m 或运行高度≥3m	飞行塔、观览塔、波浪飞椅、豪华飞椅等
在特定水域运行或滑行	高度≥5m 或速度≥30km/h	直（曲）线滑梯、浪摆滑道、峡谷漂流等
弹射或提升后自由坠落（摆动）	高度≥20m 或高差≥10m	探空飞梭、蹦极、空中飞人等

附件**2**：

大型游乐设施设计文件鉴定资料目录

（一）设计说明书

设计方案；结构特点；工作原理；主要技术参数的选取；主要设计依据（必要时应当有地质勘察报告、气象资料及特殊使用要求等）；主要受力部件；对制造、运输方面的特殊要求等。

（二）相关的设计计算书

重要结构件强度、刚度计算；主轴及重要销轴强度、刚度计算；关键焊缝强度计算；机械传动系统计算（包括传动件及电动机、减速机选择）；液压（气压）传动系统计算；运动参数计算；提供土建设计的受力参数等。

（三）相关的图纸

图纸目录、总图及主要零部件图、液压（气动）原理图等。

（四）电气资料

电气设计说明、电气系统计算（短路电流、电机启动电压降等）、电气原理图、控制程序、流程图、控制柜（操作箱）元件布置图；配备的主要电器元件的资料、避雷和接地、平面图等。

（五）产品使用维修说明书

设备概述及结构原理；技术性能及参数；操作规程及注意事项；乘客须知；保养及维护说明（包括日检、周检、月检、年检的内容和要求）；常见故障及排除方法；安装及调试方法和要求；外购件（主要机电产品）的使用要求；整机及关键零部件的设计使用寿命；对操作维修人员的要求；电气及液压（气动）原理图；日常润滑部位等。

（六）其他相关资料

建设行政主管部门认可的土建设计审查通过的证明文件；必需的零部件、材料检验试验报告；境外检验机构审查与检验报告；设计鉴定机构所需的必要资料等。

附件3：

大型游乐设施设计文件鉴定申请表

编号：

<table>
<tr><td rowspan="6">申请单位</td><td>单位名称</td><td colspan="3">（公章）</td></tr>
<tr><td>单位地址</td><td colspan="3"></td></tr>
<tr><td>组织机构代码</td><td></td><td>邮政编码</td><td></td></tr>
<tr><td>传　真</td><td></td><td>联系电话</td><td></td></tr>
<tr><td>电子信箱</td><td></td><td>鉴定送审人员</td><td></td></tr>
<tr><td>鉴定送审时间</td><td></td><td>申请鉴定地点</td><td></td></tr>
<tr><td rowspan="6">设计单位</td><td>单位名称</td><td colspan="3"></td></tr>
<tr><td>单位地址</td><td colspan="3"></td></tr>
<tr><td>组织机构代码</td><td></td><td>邮政编码</td><td></td></tr>
<tr><td>传　真</td><td></td><td>联系电话</td><td></td></tr>
<tr><td>电子信箱</td><td></td><td>文件设计负责人</td><td></td></tr>
<tr><td rowspan="4">设计设备</td><td>设备种类</td><td>大型游乐设施</td><td>设备类型</td><td></td></tr>
<tr><td>设备型式</td><td></td><td>设备级别</td><td></td></tr>
<tr><td>设备名称</td><td></td><td>设备型号</td><td></td></tr>
<tr><td>设备参数</td><td></td><td>主体结构形式</td><td></td></tr>
<tr><td rowspan="4">设计文件</td><td>设计来源</td><td></td><td>设计日期</td><td></td></tr>
<tr><td>总图图号</td><td></td><td>设计审核人</td><td></td></tr>
<tr><td>设计依据</td><td colspan="3"></td></tr>
<tr><td>主要设计人员
（姓名、学历、
技术职称、
完成部分）</td><td colspan="3"></td></tr>
<tr><td rowspan="6">设备设计运行方式</td><td>项　目</td><td>运行方式</td><td>项　目</td><td>运行方式</td></tr>
<tr><td>工作原理</td><td></td><td></td><td></td></tr>
<tr><td>运动特点</td><td></td><td></td><td></td></tr>
<tr><td>传动方式</td><td></td><td></td><td></td></tr>
<tr><td>电气控制方式</td><td></td><td></td><td></td></tr>
<tr><td></td><td></td><td></td><td></td></tr>
</table>

	项 目	参数数值	项 目	参数数值	
设备设计参数	载客人数				
	适用乘客				

	序号	文件名称	图号或编号	纸型	数量或页数
鉴定送审设计文件					

申请受理	鉴定机构：（公章） 受理人员： 年 月 日

填写说明：

1. 需要填写的内容可以另加附页。

2. "设计来源"选择填写：新开发的产品；对原设计进行修改后重新设计的产品；境外设计、制造在境内安装使用的产品；已投入使用的产品；改变主要技术参数的改造等。

3. "适用乘客"选择填写：成人；儿童；成人儿童均可以。

4. "传动方式"选择填写：机械；液压；气动或其他。

5. 结构形式一样，不同规格的系列产品，可以一并申请，进行一次鉴定。

6. 申请鉴定的大型游乐设施应当附设备简图。

7. 本表一式两份，鉴定机构签署意见后一份返给申请单位，一份存档。

8. 此表可以从相关网站下载或自行复制。

附件4：

大型游乐设施设计文件鉴定内容与要求

项目类别	编号	鉴定项目	鉴定要求
1. 技术参数	1.1	主要技术参数	技术性能和参数（运行速度、倾角、坡度、加速度、加速度变化值、制动时间和距离、转弯半径、启动性能等）应当符合安全技术规范、标准和保证安全的要求
	1.2	环境影响	环境条件对运转的限制，如风、雨、腐蚀、极热极冷等条件应当满足安全条件
2. 关键部位结构	2.1	金属结构	支柱、梁、框架、支撑、吊挂构件等结构应当考虑应力集中、振动、动载、循环载荷、风险程度和环境的影响，安全系数选取、主要焊缝的布置、施焊和热处理、探伤要求应当符合安全技术规范、标准和保证安全的要求
	2.2	运行轨道	运行轨道结构主要连接及焊缝的布置、施焊和热处理、探伤要求应当符合安全技术规范、标准和保证安全的要求
	2.3	轴类等机械零件	轴类等机械零件的结构应当满足设计、热处理、探伤要求，符合安全技术规范、标准和保证安全的要求
	2.4	标准件及定型产品	机加工或外购的标准件应当满足设计、热处理、探伤要求；高强度螺栓等级选择及预紧力、外购的定型机电产品应当满足设计和保证安全的要求
	2.5	链条和钢丝绳	链条和钢丝绳的性能应当满足载荷作用下动载和疲劳的要求
	2.6	载客装置	座席、座舱、滑车等载客装置的结构应当符合安全技术规范、标准和保证安全的要求
	2.7	其他结构	站台、平台、楼梯、天桥、栅栏的设置与结构应当符合安全技术规范、标准和保证安全的要求
3. 材料	3.1	金属材料	主轴、重要销轴及其他关键零件所用金属材料应当满足安全要求，热处理和无损探伤应当符合国家标准
	3.2	非金属材料	非金属材料的强度、抗老化性能、环保性能、工艺性能应当满足安全要求，符合国家标准
4. 传动和制动部分	4.1	机械传动装置	机械传动装置应当符合技术规范、标准要求，满足安全要求
	4.2	液压及气动装置	液压及气动装置应当符合技术规范、标准要求，满足安全要求
	4.3	制动装置	制动装置应当符合技术规范、标准要求，满足安全要求
	4.4	设备润滑系统	润滑方式、润滑部位应当符合技术规范、标准要求

项目类别	编号	鉴定项目	鉴定要求
5. 限制和保护乘人的安全保险装置	5.1	乘客的约束物	游乐设施的乘人部分对乘客的约束应当与其运动特点相符，周围的缓冲物应当满足保证安全的要求
	5.2	保险装置（二道保险、门锁）	安全装置必须可靠，满足技术规范、标准和保证安全的要求。所有涉及人身安全的关键部位，应该并能够采取保险措施时，应当采取保险措施，保险措施必须可靠和有效
	5.3	限速装置	
	5.4	缓冲装置	
	5.5	行程及限位装置	
	5.6	防碰撞装置	
	5.7	过载过压保护装置	
	5.8	自动控制装置	
	5.9	设备安全罩	
	5.10	疏散游客的措施	必须有故障状态下疏散游客的措施
6. 电气部分	6.1	电气设备	设计和选用设备必须满足工况和保证安全要求
	6.2	电器元件和导线	
	6.3	漏电保护装置	
	6.4	避雷和接地装置	
	6.5	安全保护系统	
	6.6	电压与绝缘	设计必须满足工况和保证安全要求
	6.7	电气系统设计	
7. 设计资料	7.1	设计说明书	设计依据标准和规程应当正确；技术性能及参数应当符合标准要求；运行方式应当可靠
	7.2	设计计算书	计算项目应当齐全；采用的公式应适当，各种参数的选取应当合理（如动载系数、应力集中系数、传动效率、材料强度、许用应力等）；受力分析、计算方法、计算过程应当完整正确；选取的标准机电产品（型号、功率、扭矩等）应当满足工况的要求；强度（安全系数）、刚度应当符合安全技术规范、标准和保证安全的要求
	7.3	产品使用说明书	内容应当全面，无遗漏；操作规程应当正确合理；乘客须知中重要内容无遗漏，其规定应当合理
8. 其他要求			

附件5：

特种设备设计文件
鉴定报告

报告编号：

设备种类：<u>大型游乐设施</u>

设备类型：_____

设备型式：_____

设备名称：_____

申请单位：_____

设计单位：_____

批准日期：_____

鉴定机构：_____（盖章）

国家质量监督检验检疫总局制

注意事项

1. 本报告书适用于大型游乐设施设计文件的鉴定。

2. 本报告书无鉴定、审核、批准人员签字和鉴定机构章无效。

3. 本报告书应当由计算机打印输出或用钢笔填写，字迹应当工整，涂改无效。

4. 本报告书一式二份，由鉴定机构和申请单位分别保存。

5. 申请单位对鉴定报告如有异议，应当在收到报告书十五日内，向鉴定机构提交书面材料。

鉴定机构信息

机构名称：

地址：

邮政编码：

电话：

传真：

E – mail：

大型游乐设施设计文件鉴定报告

设备名称		型号规格	
申请单位		设计单位	
设备类型		设计日期	
设计属性	□新设计　□修改设计	鉴定属性	□鉴定　□确认
鉴定地点		鉴定日期	
鉴定依据		鉴定人员	
复审日期		复审人员	
鉴定结论			
鉴定所覆盖范围			
备　注			

（鉴定机构章）

鉴定：　　　　审核：　　　　批准：　　　　年　月　日

主要技术参数	
主要设计依据	

简　图

项目类别	编号	鉴定项目	鉴定结果	结论	备注

附件6：

大型游乐设施设计文件鉴定意见书

编号：

申请鉴定设施名称		鉴定日期	
申请鉴定单位			
主要技术参数			
主要鉴定依据			

鉴定意见：（可以另加附页）

（鉴定机构章）

鉴定人员：　　　　　　　　　　　　　　　　　　　　　　　年　月　日

备　注	

整改情况：（可以另加附页）

（申请单位章）

负责人：　　　　　　日期：

复审补充资料				
序号	资料名称	页（张）数	资料编号	备注

复审意见：（可以另加附页）

（鉴定机构章）

鉴定人员：　　　　　　　　　　年　月　日

备　注	

此意见书一式二份：一份附鉴定报告后给申请单位；一份留鉴定机构存档。

附件7：

大型游乐设施设计文件鉴定盖章资料清单

编号：

序号	盖章资料名 称	设计文件编 号	设计文件				盖章位置	备注
			设计	审核	批准	日期		

设备名称： 　　　　　　　申请单位：

设计鉴定报告编号： 　　　　设计单位：

盖章： 　　　　　归档： 　　　　　日期：

此表一式二份：一份给申请单位；一份留鉴定机构存档。

中华人民共和国特种设备安全法

《中华人民共和国特种设备安全法》已由中华人民共和国第十二届全国人民代表大会常务委员会第三次会议于 2013 年 6 月 29 日通过，现予公布，自 2014 年 1 月 1 日起施行。

中华人民共和国主席　习近平

2013 年 6 月 29 日

中华人民共和国特种设备安全法

（2013 年 6 月 29 日第十二届全国人民代表大会常务委员会第三次会议通过）

目　录

第一章　总　则

第二章　生产、经营、使用

　第一节　一般规定

　第二节　生　产

　第三节　经　营

　第四节　使　用

第三章　检验、检测

第四章　监督管理

第五章　事故应急救援与调查处理

第六章　法律责任

第七章　附　则

第一章 总 则

第一条 为了加强特种设备安全工作，预防特种设备事故，保障人身和财产安全，促进经济社会发展，制定本法。

第二条 特种设备的生产（包括设计、制造、安装、改造、修理）、经营、使用、检验、检测和特种设备安全的监督管理，适用本法。

本法所称特种设备，是指对人身和财产安全有较大危险性的锅炉、压力容器（含气瓶）、压力管道、电梯、起重机械、客运索道、大型游乐设施、场（厂）内专用机动车辆，以及法律、行政法规规定适用本法的其他特种设备。

国家对特种设备实行目录管理。特种设备目录由国务院负责特种设备安全监督管理的部门制定，报国务院批准后执行。

第三条 特种设备安全工作应当坚持安全第一、预防为主、节能环保、综合治理的原则。

第四条 国家对特种设备的生产、经营、使用，实施分类的、全过程的安全监督管理。

第五条 国务院负责特种设备安全监督管理的部门对全国特种设备安全实施监督管理。县级以上地方各级人民政府负责特种设备安全监督管理的部门对本行政区域内特种设备安全实施监督管理。

第六条 国务院和地方各级人民政府应当加强对特种设备安全工作的领导，督促各有关部门依法履行监督管理职责。

县级以上地方各级人民政府应当建立协调机制，及时协调、解决特种设备安全监督管理中存在的问题。

第七条 特种设备生产、经营、使用单位应当遵守本法和其他有关法律、法规，建立、健全特种设备安全和节能责任制度，加强特种设备安全和节能管理，确保特种设备生产、经营、使用安全，符合节能要求。

第八条 特种设备生产、经营、使用、检验、检测应当遵守有关特种设备安全技术规范及相关标准。

特种设备安全技术规范由国务院负责特种设备安全监督管理的部门制定。

第九条 特种设备行业协会应当加强行业自律，推进行业诚信体系建设，提高特种设备安全管理水平。

第十条 国家支持有关特种设备安全的科学技术研究，鼓励先进技术和先进管理方法的推广应用，对做出突出贡献的单位和个人给予奖励。

第十一条 负责特种设备安全监督管理的部门应当加强特种设备安全宣传教育，

普及特种设备安全知识，增强社会公众的特种设备安全意识。

第十二条 任何单位和个人有权向负责特种设备安全监督管理的部门和有关部门举报涉及特种设备安全的违法行为，接到举报的部门应当及时处理。

第二章 生产、经营、使用

第一节 一般规定

第十三条 特种设备生产、经营、使用单位及其主要负责人对其生产、经营、使用的特种设备安全负责。

特种设备生产、经营、使用单位应当按照国家有关规定配备特种设备安全管理人员、检测人员和作业人员，并对其进行必要的安全教育和技能培训。

第十四条 特种设备安全管理人员、检测人员和作业人员应当按照国家有关规定取得相应资格，方可从事相关工作。特种设备安全管理人员、检测人员和作业人员应当严格执行安全技术规范和管理制度，保证特种设备安全。

第十五条 特种设备生产、经营、使用单位对其生产、经营、使用的特种设备应当进行自行检测和维护保养，对国家规定实行检验的特种设备应当及时申报并接受检验。

第十六条 特种设备采用新材料、新技术、新工艺，与安全技术规范的要求不一致，或者安全技术规范未作要求、可能对安全性能有重大影响的，应当向国务院负责特种设备安全监督管理的部门申报，由国务院负责特种设备安全监督管理的部门及时委托安全技术咨询机构或者相关专业机构进行技术评审，评审结果经国务院负责特种设备安全监督管理的部门批准，方可投入生产、使用。

国务院负责特种设备安全监督管理的部门应当将允许使用的新材料、新技术、新工艺的有关技术要求，及时纳入安全技术规范。

第十七条 国家鼓励投保特种设备安全责任保险。

第二节 生 产

第十八条 国家按照分类监督管理的原则对特种设备生产实行许可制度。特种设备生产单位应当具备下列条件，并经负责特种设备安全监督管理的部门许可，方可从事生产活动：

（一）有与生产相适应的专业技术人员；

（二）有与生产相适应的设备、设施和工作场所；

（三）有健全的质量保证、安全管理和岗位责任等制度。

第十九条 特种设备生产单位应当保证特种设备生产符合安全技术规范及相关标准的要求，对其生产的特种设备的安全性能负责。不得生产不符合安全性能要求和能效指标以及国家明令淘汰的特种设备。

第二十条　锅炉、气瓶、氧舱、客运索道、大型游乐设施的设计文件，应当经负责特种设备安全监督管理的部门核准的检验机构鉴定，方可用于制造。

特种设备产品、部件或者试制的特种设备新产品、新部件以及特种设备采用的新材料，按照安全技术规范的要求需要通过型式试验进行安全性验证的，应当经负责特种设备安全监督管理的部门核准的检验机构进行型式试验。

第二十一条　特种设备出厂时，应当随附安全技术规范要求的设计文件、产品质量合格证明、安装及使用维护保养说明、监督检验证明等相关技术资料和文件，并在特种设备显著位置设置产品铭牌、安全警示标志及其说明。

第二十二条　电梯的安装、改造、修理，必须由电梯制造单位或者其委托的依照本法取得相应许可的单位进行。电梯制造单位委托其他单位进行电梯安装、改造、修理的，应当对其安装、改造、修理进行安全指导和监控，并按照安全技术规范的要求进行校验和调试。电梯制造单位对电梯安全性能负责。

第二十三条　特种设备安装、改造、修理的施工单位应当在施工前将拟进行的特种设备安装、改造、修理情况书面告知直辖市或者设区的市级人民政府负责特种设备安全监督管理的部门。

第二十四条　特种设备安装、改造、修理竣工后，安装、改造、修理的施工单位应当在验收后三十日内将相关技术资料和文件移交特种设备使用单位。特种设备使用单位应当将其存入该特种设备的安全技术档案。

第二十五条　锅炉、压力容器、压力管道元件等特种设备的制造过程和锅炉、压力容器、压力管道、电梯、起重机械、客运索道、大型游乐设施的安装、改造、重大修理过程，应当经特种设备检验机构按照安全技术规范的要求进行监督检验；未经监督检验或者监督检验不合格的，不得出厂或者交付使用。

第二十六条　国家建立缺陷特种设备召回制度。因生产原因造成特种设备存在危及安全的同一性缺陷的，特种设备生产单位应当立即停止生产，主动召回。

国务院负责特种设备安全监督管理的部门发现特种设备存在应当召回而未召回的情形时，应当责令特种设备生产单位召回。

第三节　经　营

第二十七条　特种设备销售单位销售的特种设备，应当符合安全技术规范及相关标准的要求，其设计文件、产品质量合格证明、安装及使用维护保养说明、监督检验证明等相关技术资料和文件应当齐全。

特种设备销售单位应当建立特种设备检查验收和销售记录制度。

禁止销售未取得许可生产的特种设备，未经检验和检验不合格的特种设备，或者国家明令淘汰和已经报废的特种设备。

第二十八条 特种设备出租单位不得出租未取得许可生产的特种设备或者国家明令淘汰和已经报废的特种设备，以及未按照安全技术规范的要求进行维护保养和未经检验或者检验不合格的特种设备。

第二十九条 特种设备在出租期间的使用管理和维护保养义务由特种设备出租单位承担，法律另有规定或者当事人另有约定的除外。

第三十条 进口的特种设备应当符合我国安全技术规范的要求，并经检验合格；需要取得我国特种设备生产许可的，应当取得许可。

进口特种设备随附的技术资料和文件应当符合本法第二十一条的规定，其安装及使用维护保养说明、产品铭牌、安全警示标志及其说明应当采用中文。

特种设备的进出口检验，应当遵守有关进出口商品检验的法律、行政法规。

第三十一条 进口特种设备，应当向进口地负责特种设备安全监督管理的部门履行提前告知义务。

第四节 使 用

第三十二条 特种设备使用单位应当使用取得许可生产并经检验合格的特种设备。禁止使用国家明令淘汰和已经报废的特种设备。

第三十三条 特种设备使用单位应当在特种设备投入使用前或者投入使用后三十日内，向负责特种设备安全监督管理的部门办理使用登记，取得使用登记证书。登记标志应当置于该特种设备的显著位置。

第三十四条 特种设备使用单位应当建立岗位责任、隐患治理、应急救援等安全管理制度，制定操作规程，保证特种设备安全运行。

第三十五条 特种设备使用单位应当建立特种设备安全技术档案。安全技术档案应当包括以下内容：

（一）特种设备的设计文件、产品质量合格证明、安装及使用维护保养说明、监督检验证明等相关技术资料和文件；

（二）特种设备的定期检验和定期自行检查记录；

（三）特种设备的日常使用状况记录；

（四）特种设备及其附属仪器仪表的维护保养记录；

（五）特种设备的运行故障和事故记录。

第三十六条 电梯、客运索道、大型游乐设施等为公众提供服务的特种设备的运营使用单位，应当对特种设备的使用安全负责，设置特种设备安全管理机构或者配备专职的特种设备安全管理人员；其他特种设备使用单位，应当根据情况设置特种设备安全管理机构或者配备专职、兼职的特种设备安全管理人员。

第三十七条 特种设备的使用应当具有规定的安全距离、安全防护措施。

与特种设备安全相关的建筑物、附属设施，应当符合有关法律、行政法规的规定。

第三十八条 特种设备属于共有的，共有人可以委托物业服务单位或者其他管理人管理特种设备，受托人履行本法规定的特种设备使用单位的义务，承担相应责任。共有人未委托的，由共有人或者实际管理人履行管理义务，承担相应责任。

第三十九条 特种设备使用单位应当对其使用的特种设备进行经常性维护保养和定期自行检查，并作出记录。

特种设备使用单位应当对其使用的特种设备的安全附件、安全保护装置进行定期校验、检修，并作出记录。

第四十条 特种设备使用单位应当按照安全技术规范的要求，在检验合格有效期届满前一个月向特种设备检验机构提出定期检验要求。

特种设备检验机构接到定期检验要求后，应当按照安全技术规范的要求及时进行安全性能检验。特种设备使用单位应当将定期检验标志置于该特种设备的显著位置。

未经定期检验或者检验不合格的特种设备，不得继续使用。

第四十一条 特种设备安全管理人员应当对特种设备使用状况进行经常性检查，发现问题应当立即处理；情况紧急时，可以决定停止使用特种设备并及时报告本单位有关负责人。

特种设备作业人员在作业过程中发现事故隐患或者其他不安全因素，应当立即向特种设备安全管理人员和单位有关负责人报告；特种设备运行不正常时，特种设备作业人员应当按照操作规程采取有效措施保证安全。

第四十二条 特种设备出现故障或者发生异常情况，特种设备使用单位应当对其进行全面检查，消除事故隐患，方可继续使用。

第四十三条 客运索道、大型游乐设施在每日投入使用前，其运营使用单位应当进行试运行和例行安全检查，并对安全附件和安全保护装置进行检查确认。

电梯、客运索道、大型游乐设施的运营使用单位应当将电梯、客运索道、大型游乐设施的安全使用说明、安全注意事项和警示标志置于易于为乘客注意的显著位置。

公众乘坐或者操作电梯、客运索道、大型游乐设施，应当遵守安全使用说明和安全注意事项的要求，服从有关工作人员的管理和指挥；遇有运行不正常时，应当按照安全指引，有序撤离。

第四十四条 锅炉使用单位应当按照安全技术规范的要求进行锅炉水（介）质处理，并接受特种设备检验机构的定期检验。

从事锅炉清洗，应当按照安全技术规范的要求进行，并接受特种设备检验机构的监督检验。

第四十五条 电梯的维护保养应当由电梯制造单位或者依照本法取得许可的安装、改造、修理单位进行。

电梯的维护保养单位应当在维护保养中严格执行安全技术规范的要求，保证其维护保养的电梯的安全性能，并负责落实现场安全防护措施，保证施工安全。

电梯的维护保养单位应当对其维护保养的电梯的安全性能负责；接到故障通知后，应当立即赶赴现场，并采取必要的应急救援措施。

第四十六条 电梯投入使用后，电梯制造单位应当对其制造的电梯的安全运行情况进行跟踪调查和了解，对电梯的维护保养单位或者使用单位在维护保养和安全运行方面存在的问题，提出改进建议，并提供必要的技术帮助；发现电梯存在严重事故隐患时，应当及时告知电梯使用单位，并向负责特种设备安全监督管理的部门报告。电梯制造单位对调查和了解的情况，应当做出记录。

第四十七条 特种设备进行改造、修理，按照规定需要变更使用登记的，应当办理变更登记，方可继续使用。

第四十八条 特种设备存在严重事故隐患，无改造、修理价值，或者达到安全技术规范规定的其他报废条件的，特种设备使用单位应当依法履行报废义务，采取必要措施消除该特种设备的使用功能，并向原登记的负责特种设备安全监督管理的部门办理使用登记证书注销手续。

前款规定报废条件以外的特种设备，达到设计使用年限可以继续使用的，应当按照安全技术规范的要求通过检验或者安全评估，并办理使用登记证书变更，方可继续使用。允许继续使用的，应当采取加强检验、检测和维护保养等措施，确保使用安全。

第四十九条 移动式压力容器、气瓶充装单位，应当具备下列条件，并经负责特种设备安全监督管理的部门许可，方可从事充装活动：

（一）有与充装和管理相适应的管理人员和技术人员；

（二）有与充装和管理相适应的充装设备、检测手段、场地厂房、器具、安全设施；

（三）有健全的充装管理制度、责任制度、处理措施。

充装单位应当建立充装前后的检查、记录制度，禁止对不符合安全技术规范要求的移动式压力容器和气瓶进行充装。

气瓶充装单位应当向气体使用者提供符合安全技术规范要求的气瓶，对气体使用者进行气瓶安全使用指导，并按照安全技术规范的要求办理气瓶使用登记，及时申报定期检验。

第三章 检验、检测

第五十条 从事本法规定的监督检验、定期检验的特种设备检验机构，以及为特种设备生产、经营、使用提供检测服务的特种设备检测机构，应当具备下列条件，并经负责特种设备安全监督管理的部门核准，方可从事检验、检测工作：

（一）有与检验、检测工作相适应的检验、检测人员；

（二）有与检验、检测工作相适应的检验、检测仪器和设备；

（三）有健全的检验、检测管理制度和责任制度。

第五十一条 特种设备检验、检测机构的检验、检测人员应当经考核，取得检验、检测人员资格，方可从事检验、检测工作。

特种设备检验、检测机构的检验、检测人员不得同时在两个以上检验、检测机构中执业；变更执业机构的，应当依法办理变更手续。

第五十二条 特种设备检验、检测工作应当遵守法律、行政法规的规定，并按照安全技术规范的要求进行。

特种设备检验、检测机构及其检验、检测人员应当依法为特种设备生产、经营、使用单位提供安全、可靠、便捷、诚信的检验、检测服务。

第五十三条 特种设备检验、检测机构及其检验、检测人员应当客观、公正、及时地出具检验、检测报告，并对检验、检测结果和鉴定结论负责。

特种设备检验、检测机构及其检验、检测人员在检验、检测中发现特种设备存在严重事故隐患时，应当及时告知相关单位，并立即向负责特种设备安全监督管理的部门报告。

负责特种设备安全监督管理的部门应当组织对特种设备检验、检测机构的检验、检测结果和鉴定结论进行监督抽查，但应当防止重复抽查。监督抽查结果应当向社会公布。

第五十四条 特种设备生产、经营、使用单位应当按照安全技术规范的要求向特种设备检验、检测机构及其检验、检测人员提供特种设备相关资料和必要的检验、检测条件，并对资料的真实性负责。

第五十五条 特种设备检验、检测机构及其检验、检测人员对检验、检测过程中知悉的商业秘密，负有保密义务。

特种设备检验、检测机构及其检验、检测人员不得从事有关特种设备的生产、经营活动，不得推荐或者监制、监销特种设备。

第五十六条 特种设备检验机构及其检验人员利用检验工作故意刁难特种设备生产、经营、使用单位的，特种设备生产、经营、使用单位有权向负责特种设备安全监督管理的部门投诉，接到投诉的部门应当及时进行调查处理。

第四章 监督管理

第五十七条 负责特种设备安全监督管理的部门依照本法规定，对特种设备生产、经营、使用单位和检验、检测机构实施监督检查。

负责特种设备安全监督管理的部门应当对学校、幼儿园以及医院、车站、客运码头、商场、体育场馆、展览馆、公园等公众聚集场所的特种设备，实施重点安全监督检查。

第五十八条 负责特种设备安全监督管理的部门实施本法规定的许可工作，应当依照本法和其他有关法律、行政法规规定的条件和程序以及安全技术规范的要求进行审查；不符合规定的，不得许可。

第五十九条 负责特种设备安全监督管理的部门在办理本法规定的许可时，其受理、审查、许可的程序必须公开，并应当自受理申请之日起三十日内，做出许可或者不予许可的决定；不予许可的，应当书面向申请人说明理由。

第六十条 负责特种设备安全监督管理的部门对依法办理使用登记的特种设备应当建立完整的监督管理档案和信息查询系统；对达到报废条件的特种设备，应当及时督促特种设备使用单位依法履行报废义务。

第六十一条 负责特种设备安全监督管理的部门在依法履行监督检查职责时，可以行使下列职权：

（一）进入现场进行检查，向特种设备生产、经营、使用单位和检验、检测机构的主要负责人和其他有关人员调查、了解有关情况；

（二）根据举报或者取得的涉嫌违法证据，查阅、复制特种设备生产、经营、使用单位和检验、检测机构的有关合同、发票、账簿以及其他有关资料；

（三）对有证据表明不符合安全技术规范要求或者存在严重事故隐患的特种设备实施查封、扣押；

（四）对流入市场的达到报废条件或者已经报废的特种设备实施查封、扣押；

（五）对违反本法规定的行为作出行政处罚决定。

第六十二条 负责特种设备安全监督管理的部门在依法履行职责过程中，发现违反本法规定和安全技术规范要求的行为或者特种设备存在事故隐患时，应当以书面形式发出特种设备安全监察指令，责令有关单位及时采取措施予以改正或者消除事故隐患。紧急情况下要求有关单位采取紧急处置措施的，应当随后补发特种设备安全监察指令。

第六十三条 负责特种设备安全监督管理的部门在依法履行职责过程中，发现重大违法行为或者特种设备存在严重事故隐患时，应当责令有关单位立即停止违法行为、采取措施消除事故隐患，并及时向上级负责特种设备安全监督管理的部门报告。接到报告的负责特种设备安全监督管理的部门应当采取必要措施，及时予以处理。

对违法行为、严重事故隐患的处理需要当地人民政府和有关部门的支持、配合时，负责特种设备安全监督管理的部门应当报告当地人民政府，并通知其他有关部门。当地人民政府和其他有关部门应当采取必要措施，及时予以处理。

第六十四条　地方各级人民政府负责特种设备安全监督管理的部门不得要求已经依照本法规定在其他地方取得许可的特种设备生产单位重复取得许可，不得要求对已经依照本法规定在其他地方检验合格的特种设备重复进行检验。

第六十五条　负责特种设备安全监督管理的部门的安全监察人员应当熟悉相关法律、法规，具有相应的专业知识和工作经验，取得特种设备安全行政执法证件。

特种设备安全监察人员应当忠于职守、坚持原则、秉公执法。

负责特种设备安全监督管理的部门实施安全监督检查时，应当有两名以上特种设备安全监察人员参加，并出示有效的特种设备安全行政执法证件。

第六十六条　负责特种设备安全监督管理的部门对特种设备生产、经营、使用单位和检验、检测机构实施监督检查，应当对每次监督检查的内容、发现的问题及处理情况作出记录，并由参加监督检查的特种设备安全监察人员和被检查单位的有关负责人签字后归档。被检查单位的有关负责人拒绝签字的，特种设备安全监察人员应当将情况记录在案。

第六十七条　负责特种设备安全监督管理的部门及其工作人员不得推荐或者监制、监销特种设备；对履行职责过程中知悉的商业秘密负有保密义务。

第六十八条　国务院负责特种设备安全监督管理的部门和省、自治区、直辖市人民政府负责特种设备安全监督管理的部门应当定期向社会公布特种设备安全总体状况。

第五章　事故应急救援与调查处理

第六十九条　国务院负责特种设备安全监督管理的部门应当依法组织制定特种设备重特大事故应急预案，报国务院批准后纳入国家突发事件应急预案体系。

县级以上地方各级人民政府及其负责特种设备安全监督管理的部门应当依法组织制定本行政区域内特种设备事故应急预案，建立或者纳入相应的应急处置与救援体系。

特种设备使用单位应当制定特种设备事故应急专项预案，并定期进行应急演练。

第七十条　特种设备发生事故后，事故发生单位应当按照应急预案采取措施，组织抢救，防止事故扩大，减少人员伤亡和财产损失，保护事故现场和有关证据，并及时向事故发生地县级以上人民政府负责特种设备安全监督管理的部门和有关部门报告。

县级以上人民政府负责特种设备安全监督管理的部门接到事故报告，应当尽快核实情况，立即向本级人民政府报告，并按照规定逐级上报。必要时，负责特种设备安全监督管理的部门可以越级上报事故情况。对特别重大事故、重大事故，国务院负责特种设备安全监督管理的部门应当立即报告国务院并通报国务院安全生产监督管理部门等有关部门。

与事故相关的单位和人员不得迟报、谎报或者瞒报事故情况，不得隐匿、毁灭有关证据或者故意破坏事故现场。

第七十一条 事故发生地人民政府接到事故报告，应当依法启动应急预案，采取应急处置措施，组织应急救援。

第七十二条 特种设备发生特别重大事故，由国务院或者国务院授权有关部门组织事故调查组进行调查。

发生重大事故，由国务院负责特种设备安全监督管理的部门会同有关部门组织事故调查组进行调查。

发生较大事故，由省、自治区、直辖市人民政府负责特种设备安全监督管理的部门会同有关部门组织事故调查组进行调查。

发生一般事故，由设区的市级人民政府负责特种设备安全监督管理的部门会同有关部门组织事故调查组进行调查。

事故调查组应当依法、独立、公正开展调查，提出事故调查报告。

第七十三条 组织事故调查的部门应当将事故调查报告报本级人民政府，并报上一级人民政府负责特种设备安全监督管理的部门备案。有关部门和单位应当依照法律、行政法规的规定，追究事故责任单位和人员的责任。

事故责任单位应当依法落实整改措施，预防同类事故发生。事故造成损害的，事故责任单位应当依法承担赔偿责任。

第六章 法律责任

第七十四条 违反本法规定，未经许可从事特种设备生产活动的，责令停止生产，没收违法制造的特种设备，处十万元以上五十万元以下罚款；有违法所得的，没收违法所得；已经实施安装、改造、修理的，责令恢复原状或者责令限期由取得许可的单位重新安装、改造、修理。

第七十五条 违反本法规定，特种设备的设计文件未经鉴定，擅自用于制造的，责令改正，没收违法制造的特种设备，处五万元以上五十万元以下罚款。

第七十六条 违反本法规定，未进行型式试验的，责令限期改正；逾期未改正的，处三万元以上三十万元以下罚款。

第七十七条 违反本法规定，特种设备出厂时，未按照安全技术规范的要求随附相关技术资料和文件的，责令限期改正；逾期未改正的，责令停止制造、销售，处二万元以上二十万元以下罚款；有违法所得的，没收违法所得。

第七十八条 违反本法规定，特种设备安装、改造、修理的施工单位在施工前未书面告知负责特种设备安全监督管理的部门即行施工的，或者在验收后三十日内未将相关技术资料和文件移交特种设备使用单位的，责令限期改正；逾期未改正的，处一万元以上十万元以下罚款。

第七十九条　违反本法规定，特种设备的制造、安装、改造、重大修理以及锅炉清洗过程，未经监督检验的，责令限期改正；逾期未改正的，处五万元以上二十万元以下罚款；有违法所得的，没收违法所得；情节严重的，吊销生产许可证。

第八十条　违反本法规定，电梯制造单位有下列情形之一的，责令限期改正；逾期未改正的，处一万元以上十万元以下罚款：

（一）未按照安全技术规范的要求对电梯进行校验、调试的；

（二）对电梯的安全运行情况进行跟踪调查和了解时，发现存在严重事故隐患，未及时告知电梯使用单位并向负责特种设备安全监督管理的部门报告的。

第八十一条　违反本法规定，特种设备生产单位有下列行为之一的，责令限期改正；逾期未改正的，责令停止生产，处五万元以上五十万元以下罚款；情节严重的，吊销生产许可证：

（一）不再具备生产条件、生产许可证已经过期或者超出许可范围生产的；

（二）明知特种设备存在同一性缺陷，未立即停止生产并召回的。

违反本法规定，特种设备生产单位生产、销售、交付国家明令淘汰的特种设备的，责令停止生产、销售，没收违法生产、销售、交付的特种设备，处三万元以上三十万元以下罚款；有违法所得的，没收违法所得。

特种设备生产单位涂改、倒卖、出租、出借生产许可证的，责令停止生产，处五万元以上五十万元以下罚款；情节严重的，吊销生产许可证。

第八十二条　违反本法规定，特种设备经营单位有下列行为之一的，责令停止经营，没收违法经营的特种设备，处三万元以上三十万元以下罚款；有违法所得的，没收违法所得：

（一）销售、出租未取得许可生产，未经检验或者检验不合格的特种设备的；

（二）销售、出租国家明令淘汰、已经报废的特种设备，或者未按照安全技术规范的要求进行维护保养的特种设备的。

违反本法规定，特种设备销售单位未建立检查验收和销售记录制度，或者进口特种设备未履行提前告知义务的，责令改正，处一万元以上十万元以下罚款。

特种设备生产单位销售、交付未经检验或者检验不合格的特种设备的，依照本条第一款规定处罚；情节严重的，吊销生产许可证。

第八十三条　违反本法规定，特种设备使用单位有下列行为之一的，责令限期改正；逾期未改正的，责令停止使用有关特种设备，处一万元以上十万元以下罚款：

（一）使用特种设备未按照规定办理使用登记的；

（二）未建立特种设备安全技术档案或者安全技术档案不符合规定要求，或者未依法设置使用登记标志、定期检验标志的；

（三）未对其使用的特种设备进行经常性维护保养和定期自行检查，或者未对其使用的特种设备的安全附件、安全保护装置进行定期校验、检修，并做出记录的；

（四）未按照安全技术规范的要求及时申报并接受检验的；

（五）未按照安全技术规范的要求进行锅炉水（介）质处理的；

（六）未制定特种设备事故应急专项预案的。

第八十四条 违反本法规定，特种设备使用单位有下列行为之一的，责令停止使用有关特种设备，处三万元以上三十万元以下罚款：

（一）使用未取得许可生产，未经检验或者检验不合格的特种设备，或者国家明令淘汰、已经报废的特种设备的；

（二）特种设备出现故障或者发生异常情况，未对其进行全面检查、消除事故隐患，继续使用的；

（三）特种设备存在严重事故隐患，无改造、修理价值，或者达到安全技术规范规定的其他报废条件，未依法履行报废义务，并办理使用登记证书注销手续的。

第八十五条 违反本法规定，移动式压力容器、气瓶充装单位有下列行为之一的，责令改正，处二万元以上二十万元以下罚款；情节严重的，吊销充装许可证：

（一）未按照规定实施充装前后的检查、记录制度的；

（二）对不符合安全技术规范要求的移动式压力容器和气瓶进行充装的。

违反本法规定，未经许可，擅自从事移动式压力容器或者气瓶充装活动的，予以取缔，没收违法充装的气瓶，处十万元以上五十万元以下罚款；有违法所得的，没收违法所得。

第八十六条 违反本法规定，特种设备生产、经营、使用单位有下列情形之一的，责令限期改正；逾期未改正的，责令停止使用有关特种设备或者停产停业整顿，处一万元以上五万元以下罚款：

（一）未配备具有相应资格的特种设备安全管理人员、检测人员和作业人员的；

（二）使用未取得相应资格的人员从事特种设备安全管理、检测和作业的；

（三）未对特种设备安全管理人员、检测人员和作业人员进行安全教育和技能培训的。

第八十七条 违反本法规定，电梯、客运索道、大型游乐设施的运营使用单位有下列情形之一的，责令限期改正；逾期未改正的，责令停止使用有关特种设备或者停产停业整顿，处二万元以上十万元以下罚款：

（一）未设置特种设备安全管理机构或者配备专职的特种设备安全管理人员的；

（二）客运索道、大型游乐设施每日投入使用前，未进行试运行和例行安全检查，未对安全附件和安全保护装置进行检查确认的；

（三）未将电梯、客运索道、大型游乐设施的安全使用说明、安全注意事项和警示标志置于易于为乘客注意的显著位置的。

第八十八条 违反本法规定，未经许可，擅自从事电梯维护保养的，责令停止违法行为，处一万元以上十万元以下罚款；有违法所得的，没收违法所得。

电梯的维护保养单位未按照本法规定以及安全技术规范的要求，进行电梯维护保养的，依照前款规定处罚。

第八十九条 发生特种设备事故，有下列情形之一的，对单位处五万元以上二十万元以下罚款；对主要负责人处一万元以上五万元以下罚款；主要负责人属于国家工作人员的，并依法给予处分：

（一）发生特种设备事故时，不立即组织抢救或者在事故调查处理期间擅离职守或者逃匿的；

（二）对特种设备事故迟报、谎报或者瞒报的。

第九十条 发生事故，对负有责任的单位除要求其依法承担相应的赔偿等责任外，依照下列规定处以罚款：

（一）发生一般事故，处十万元以上二十万元以下罚款；

（二）发生较大事故，处二十万元以上五十万元以下罚款；

（三）发生重大事故，处五十万元以上二百万元以下罚款。

第九十一条 对事故发生负有责任的单位的主要负责人未依法履行职责或者负有领导责任的，依照下列规定处以罚款；属于国家工作人员的，并依法给予处分：

（一）发生一般事故，处上一年年收入百分之三十的罚款；

（二）发生较大事故，处上一年年收入百分之四十的罚款；

（三）发生重大事故，处上一年年收入百分之六十的罚款。

第九十二条 违反本法规定，特种设备安全管理人员、检测人员和作业人员不履行岗位职责，违反操作规程和有关安全规章制度，造成事故的，吊销相关人员的资格。

第九十三条 违反本法规定，特种设备检验、检测机构及其检验、检测人员有下列行为之一的，责令改正，对机构处五万元以上二十万元以下罚款，对直接负责的主管人员和其他直接责任人员处五千元以上五万元以下罚款；情节严重的，吊销机构资质和有关人员的资格：

（一）未经核准或者超出核准范围、使用未取得相应资格的人员从事检验、检测的；

（二）未按照安全技术规范的要求进行检验、检测的；

（三）出具虚假的检验、检测结果和鉴定结论或者检验、检测结果和鉴定结论严重失实的；

（四）发现特种设备存在严重事故隐患，未及时告知相关单位，并立即向负责特种设备安全监督管理的部门报告的；

（五）泄露检验、检测过程中知悉的商业秘密的；

（六）从事有关特种设备的生产、经营活动的；

（七）推荐或者监制、监销特种设备的；

（八）利用检验工作故意刁难相关单位的。

违反本法规定，特种设备检验、检测机构的检验、检测人员同时在两个以上检验、检测机构中执业的，处五千元以上五万元以下罚款；情节严重的，吊销其资格。

第九十四条　违反本法规定，负责特种设备安全监督管理的部门及其工作人员有下列行为之一的，由上级机关责令改正；对直接负责的主管人员和其他直接责任人员，依法给予处分：

（一）未依照法律、行政法规规定的条件、程序实施许可的；

（二）发现未经许可擅自从事特种设备的生产、使用或者检验、检测活动不予取缔或者不依法予以处理的；

（三）发现特种设备生产单位不再具备本法规定的条件而不吊销其许可证，或者发现特种设备生产、经营、使用违法行为不予查处的；

（四）发现特种设备检验、检测机构不再具备本法规定的条件而不撤销其核准，或者对其出具虚假的检验、检测结果和鉴定结论或者检验、检测结果和鉴定结论严重失实的行为不予查处的；

（五）发现违反本法规定和安全技术规范要求的行为或者特种设备存在事故隐患，不立即处理的；

（六）发现重大违法行为或者特种设备存在严重事故隐患，未及时向上级负责特种设备安全监督管理的部门报告，或者接到报告的负责特种设备安全监督管理的部门不立即处理的；

（七）要求已经依照本法规定在其他地方取得许可的特种设备生产单位重复取得许可，或者要求对已经依照本法规定在其他地方检验合格的特种设备重复进行检验的；

（八）推荐或者监制、监销特种设备的；

（九）泄露履行职责过程中知悉的商业秘密的；

（十）接到特种设备事故报告未立即向本级人民政府报告，并按照规定上报的；

（十一）迟报、漏报、谎报或者瞒报事故的；

（十二）妨碍事故救援或者事故调查处理的；

（十三）其他滥用职权、玩忽职守、徇私舞弊的行为。

第九十五条　违反本法规定，特种设备生产、经营、使用单位或者检验、检测机构拒不接受负责特种设备安全监督管理的部门依法实施的监督检查的，责令限期改正；逾期未改正的，责令停产停业整顿，处二万元以上二十万元以下罚款。

特种设备生产、经营、使用单位擅自动用、调换、转移、损毁被查封、扣押的特种设备或者其主要部件的，责令改正，处五万元以上二十万元以下罚款；情节严重的，吊销生产许可证，注销特种设备使用登记证书。

第九十六条　违反本法规定，被依法吊销许可证的，自吊销许可证之日起三年内，负责特种设备安全监督管理的部门不予受理其新的许可申请。

第九十七条　违反本法规定，造成人身、财产损害的，依法承担民事责任。

违反本法规定，应当承担民事赔偿责任和缴纳罚款、罚金，其财产不足以同时支付时，先承担民事赔偿责任。

第九十八条　违反本法规定，构成违反治安管理行为的，依法给予治安管理处罚；构成犯罪的，依法追究刑事责任。

第七章　附　则

第九十九条　特种设备行政许可、检验的收费，依照法律、行政法规的规定执行。

第一百条　军事装备、核设施、航空航天器使用的特种设备安全的监督管理不适用本法。

铁路机车、海上设施和船舶、矿山井下使用的特种设备以及民用机场专用设备安全的监督管理，房屋建筑工地、市政工程工地用起重机械和场（厂）内专用机动车辆的安装、使用的监督管理，由有关部门依照本法和其他有关法律的规定实施。

第一百零一条　本法自 2014 年 1 月 1 日起施行。